＼第一本／

韓式
造型飯捲

全圖解

캐릭터 김밥 만들기

充滿樂趣的造型飯捲

不管是動物、人、文字還是植物，都可以用飯做出來！
在基本的好吃之外，再加上有趣，就是令人著迷的造型飯捲世界。

把可愛討喜的模樣做成美味飯捲，視覺和味覺都充滿驚喜。

造型飯捲不僅外表讓人驚奇，還很好吃！在白飯裡加入醋和昆布，甜中帶酸，
飯粒 Q 彈而且粒粒分明。使用天然食材渲染繽紛色彩，變化出各式各樣的造
型，讓做的人和吃的人同步幸福滿點。

媲美組合樂高的樂趣，大幅提升成就感和創造力。

造型飯捲在實際切開之前，不會知道裡頭確切的模樣。一刀劃下去，如果出現
自己想像中的樣子，立刻湧現無與倫比的成就感！即便跟想像中有落差，也能
得到意外的樂趣！這正是造型飯捲最具魅力之處，只要體會過一次絕對會深陷
其中。了解書中造型飯捲的基本知識後，嘗試看看，自己更換食材、顏色也沒
有關係，創造專屬於自己的飯捲菜單吧！

用日常食材就能簡單製作，大人小孩都可以輕鬆上手。

製作造型飯捲不需要特別的技術和食材，只要以白飯為基礎，就能完成各種模
樣的飯捲。來找我上課學造型飯捲的同學，有牽著媽媽的手一起來的小朋友、
想送女朋友當禮物的年輕男孩、想為孫子和孫女做便當的奶奶等。如果你以為
飯捲只是為了簡單取代正餐，或是外出郊遊的選擇，親手製作後，你將會完全
改觀。稍微用點心思，造型飯捲也能成為最讓人感動的料理。

Contents

基本的煮飯方法：米飯是飯捲的基本，飯煮得好就成功了一半　06

製作彩色飯：用各種天然食材，幫白飯穿上繽紛色彩！　07

工具介紹：讓做造型飯捲更輕鬆！我常用的基本造型工具　09

處理海苔：造型飯捲使用的一片海苔，是市售大張海苔的一半　10

材料介紹：依照需要的色彩、形狀挑選食材　11

基本包法：包出不會鬆開、形狀完整的飯捲！　12

便當的裝飾小花：用裝飾花妝點便當，完成度再加分！　14

PART 1
自己做可愛的卡通人物
卡通飯捲

朋秀企鵝飯捲
18

鯊魚寶寶飯捲
22

萊恩飯捲
24

波露露飯捲
26

小小兵飯捲
30

海豹波樂飯捲
32

麵包超人飯捲
34

龍貓飯捲
36

哆拉A夢飯捲
38

美樂蒂飯捲
40

皮卡丘飯捲
42

屁屁偵探飯捲
54

- contents -

PART 2
深受大小朋友喜愛的動物大集合！
動物飯捲

淘氣貓咪飯捲
52

療癒貓掌飯捲
54

汪汪小狗飯捲
56

小白兔飯捲
60

翩翩蝴蝶飯捲
64

羊咩咩飯捲
66

帥氣老虎飯捲
70

快樂螃蟹飯捲
74

無尾熊飯捲
78

嗡嗡蜜蜂飯捲
82

PART 3
保留美麗的大自然之美
花果飯捲

櫻花樹飯捲
88

櫻花飯捲
90

繡球花飯捲
92

椰子樹飯捲
94

奇異果飯捲
98

柳丁飯捲
100

香蕉飯捲
102

· contents ·

PART 4

俏皮可愛
又惹人喜愛

角色飯捲

小學童飯捲
106

草莓女孩飯捲
110

金髮公主飯捲
114

PART 5

特別的
美好日子

節日飯捲

| 情人節 |

糖果飯捲
120

愛心飯捲
122

LOVE 飯捲
124

| 萬聖節 |

搗蛋南瓜飯捲
128

黑貓精靈飯捲
130

| 耶誕節 |

聖誕老公公
飯捲
134

紅鼻麋鹿
飯捲
138

耶誕樹
飯捲
140

聖誕襪
飯捲
142

米飯是飯捲的基本，
飯煮得好就成功了一半！

基本的
煮飯方法

---

1. 水量要比一般煮飯時少一點，讓飯粒不軟不硬。煮飯時加片昆布，煮出來的飯粒 Q 彈、有光澤。

   製作一條飯捲約需一碗白飯（180g）。

2. 飯煮好後盛入碗中。

3. 在熱飯上淋混合醋。每 100g 的白飯約加 10g 的醋，可依個人喜好的口味增減。

   混合醋的比例＝食醋 1：砂糖 1：鹽 1/2

4. 以飯匙用切拌的方式將飯拌開，避免飯粒結塊。

用各種天然食材，
幫白飯穿上繽紛色彩！

製作
彩色飯

用基本的煮飯方法煮出美味的白飯後，就可以加入具染色性的食材攪拌。
下列是我常用的材料，分量可自行依想要的深淺調整，也可以換成其他食材。

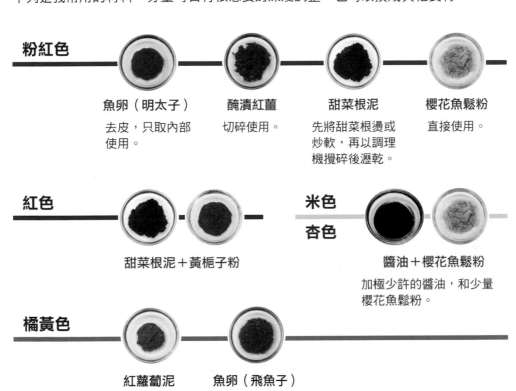

粉紅色

魚卵（明太子）
去皮，只取內部
使用。

醃漬紅薑
切碎使用。

甜菜根泥
先將甜菜根燙或
炒軟，再以調理
機攪碎後瀝乾。

櫻花魚鬆粉
直接使用。

紅色

甜菜根泥＋黃梔子粉

米色
杏色

醬油＋櫻花魚鬆粉
加極少許的醬油，和少量
櫻花魚鬆粉。

橘黃色

紅蘿蔔泥
先將紅蘿蔔燙或
炒軟，再以攪拌
機攪碎後瀝乾。

魚卵（飛魚子）
先將魚卵解凍後
再使用。

黃色

魚卵（金色）
先將魚卵解凍後
再使用。

醃蘿蔔片
切碎使用。

雞蛋
將玉子燒或炒
蛋切碎。

黃梔子粉
加少許醋混合
後使用。

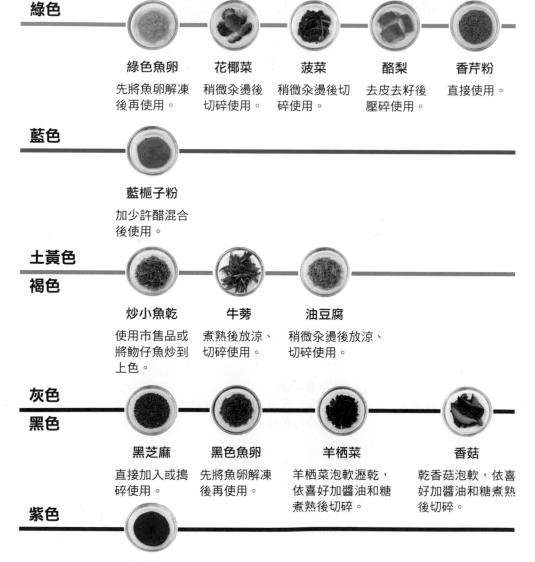

綠色

綠色魚卵	花椰菜	菠菜	酪梨	香芹粉
先將魚卵解凍後再使用。	稍微汆燙後切碎使用。	稍微汆燙後切碎使用。	去皮去籽後壓碎使用。	直接使用。

藍色

藍栀子粉

加少許醋混合後使用。

土黃色
褐色

炒小魚乾	牛蒡	油豆腐
使用市售品或將魩仔魚炒到上色。	煮熟後放涼、切碎使用。	稍微汆燙後放涼、切碎使用。

灰色
黑色

黑芝麻	黑色魚卵	羊栖菜	香菇
直接加入或搗碎使用。	先將魚卵解凍後再使用。	羊栖菜泡軟瀝乾，依喜好加醬油和糖煮熟後切碎。	乾香菇泡軟，依喜好加醬油和糖煮熟後切碎。

紫色

紫薯粉

加少許醋混合後使用。

讓做造型飯捲更輕鬆！
我常用的基本工具

工具
介紹

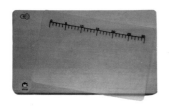

砧板
附有尺標的砧板很方便，放
上食材後就可以對照切出想
要的長度。

吸管
利用粗細不同的吸管，可以
將起司片、火腿、豆腐等軟
食材壓出大小不同的圓形。

剪刀
用來裁剪海苔和製作眼睛、
鼻子、嘴巴。

塑膠手套
飯粒很容易黏手，先戴上有
紋路的塑膠手套防沾黏，會
更方便操作。

竹簾
竹簾兩面不同，做飯捲時，
要將飯放在竹條圓弧的那一
面上。

海苔打洞器
用來製作細小的
海苔表情時非常
方便，壓一下就
完成了。

鑷子＆牙籤
用於黏貼眼睛、鼻子、嘴巴
等細小的裝飾。

棉抹布
在製作過程中用來擦拭砧板
和刀子，維持整潔。

電子秤
建議挑選可以測到1g微量
的電子秤。

花嘴
大（805號）上直徑1.2公分、
下直徑3公分。
小（804號）上直徑1公分、
下直徑1.8公分。

刀子
造型飯捲比一般
飯 捲 更 容 易 黏
飯，使用前刀鋒
最好先磨利。

碗＆飯匙＆扇子
將剛煮好的飯盛到碗裡加醋
攪拌時，可以用扇子搧，讓
飯粒更快降溫，有利於飯粒
吸收醋。

9

造型飯捲使用的一片海苔，
為市售大張海苔的一半。

處理
海苔

區別正反面
正面閃亮有光澤，反面較粗糙。
放食材時，要放在粗糙的反面上。

大小
造型飯捲使用的 1 片海苔，為市售海苔的半張大小。
可以購買「對切海苔」，或是將海苔對半剪開，
即為本書中標記的 1 片海苔（約 20×10cm）。

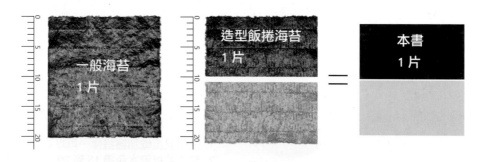

一般海苔
1 片

造型飯捲海苔
1 片

本書
1 片

依照需要的色彩、形狀挑選食材，
沒有一定限制，確保食材可直接食用即可。

材料
介紹

各種起司魚肉棒、
香腸、乳酪條
10g／15g／28g

熱狗
大／小

玉子燒

蟹肉棒

豆腐棒
＊韓國常見食品，可
用乳酪條、豆腐、
白色魚板等代替。

起司片
黃色／白色

煮瓠瓜乾
＊也可以用菜脯、
筍乾取代。

瓠瓜乾 25g、鹽 5g
昆布水 200g
砂糖 75g、酒 15g、味醂 15g、醬油 60g

1. 先將瓠瓜乾加鹽搓揉，再以清水沖洗。
2. 瓠瓜乾以滾水汆燙 15 到 20 分鐘，撈出瀝乾。
3. 將昆布水、其他食材和燙過的瓠瓜乾一起放
   入鍋中煮。
4. 煮滾後轉小火，邊煮邊攪拌，直到昆布水收
   汁至 1/4 左右。

包出不會鬆開、形狀完整的飯捲，
熟記這 6 個包飯捲的基本步驟！

基本
包法

1 連接海苔

需要連接兩片海苔時，先在其中一片海苔邊緣黏飯粒，再放上另一片海苔黏牢。

2 鋪白飯

將白飯先分成三份放到海苔上後，再壓開、延展成符合海苔的大小。

3 捲海苔

利用竹簾可以製作出各種形狀的飯捲。

圓形	三角形	四方形	水滴形	半圓形

4 接合海苔

製作造型飯捲時，通常會從下方，單
手握起竹簾，將飯捲放到手掌上。先
蓋上其中一側的竹簾，再蓋上另一側
竹簾，讓兩邊的海苔接合在一起。

5 調整形狀

將海苔接合後，用手把飯捲兩側的米
飯壓實，並調整整體的形狀。

6 切開

將竹簾當成輔助，用刀子將飯捲切成
四等分。

＊ 如果刀子容易沾黏米飯，可以先將刀子用
清水泡一下再切。

用裝飾花妝點便當，
完成度再加分！

◎雞蛋花

1. 將煎好的蛋皮切成長方形後對折，在折起來的那側劃刀。
2. 捏住沒有劃刀的那側捲起來，做成花朵的形狀。
3. 底部插入煎硬的義大利麵固定。

｜變化款｜

1. 在劃好刀的蛋皮上放一段小熱狗，一起捲起來。
2. 底部插入煎硬的義大利麵固定。

◎火腿花

1. 將火腿片對半切開，在中間劃刀。
2. 將火腿片對折，將沒有劃刀的部分捲起來。
3. 在火腿底部插入煎硬的義大利麵固定。

◎紅蘿蔔花

1. 紅蘿蔔切片後，用模具壓出花的模樣，再燙熟。
2. 用菜刀在花瓣中間輕輕切一刀，再從右側斜斜切下一小塊紅蘿蔔。
3. 依序切好每一片花瓣，做出立體的花朵。

◎雞蛋蘋果花

1. 準備寬度相同的長方形蛋皮和兩塊蟹肉棒。
2. 將兩塊蟹肉棒疊起來，以蛋皮包覆捲起。
3. 切成適當大小的段狀。
4. 在蛋皮底部插入煎硬的義大利麵固定。
5. 用芝麻做成蘋果籽，小小的花椰菜花穗當蒂頭。

◎火腿片起司捲

1. 在火腿片上放等大的起司。
2. 將火腿和起司捲起來。
3. 切成適當大小的段狀。
4. 用牙籤串起來即可。

PART

1

卡通飯捲

自己做可愛的
卡通人物

朋秀企鵝飯捲

厚厚的嘴唇和耳機，是朋秀（Pengsoo）最大特色！
用起司片重點裝飾，打造相似度滿分的可愛模樣吧。

準備材料	飯	海苔	材料

飯

 白色 100g　 黑色 80g

海苔

1	**¾**	
	½	

另備少許海苔，
裁剪五官用。

材料

內部
起司片（黃色）1 片

裝飾
起司魚肉棒（15g）1 條
起司片（白色、黃色）少許
火腿片 少許

＊ 除了起司魚肉棒，也可以使用乳
　酪條、小熱狗等顏色、形狀相近
　的食材。

1 臉

將100g白飯做成直徑5公
分的半圓柱模樣，再以
3/4片海苔包起來。

組合

2 頭

取1片海苔，其中一端保
留3公分，其他均勻鋪平
80g黑色飯。

3

在飯的中央放上步驟1做
好的臉。

4

從底部單手握起竹簾，將
海苔和飯包起來。

5 耳機線

在圓弧的海苔面上蓋一片
黃色起司片。

6

蓋上1/2片海苔,以竹簾
稍微按壓固定。

7

以手將飯捲兩端的飯壓
實,稍微調整形狀後切成
4塊。

8 耳機

將起司魚肉棒對半縱切,
再橫切四等份,共8塊。

9 貼上眼睛、鼻子、嘴巴

眼睛：以粗吸管壓白色起司片，做出圓形。

眼珠、鼻孔：以海苔打洞器或剪刀，將海苔裁剪成下圖的小圓形或喜歡的形狀。

腮紅：以細吸管壓火腿片，做出圓形。

鼻子：以細吸管壓黃色起司片，做出半圓形。

上嘴唇：將黃色起司片切成 2.2×0.3 公分，再以細吸管將兩端切成圓形。

下嘴唇：以粗吸管壓黃色起司片，做出半圓形，再以細吸管在中間壓洞。

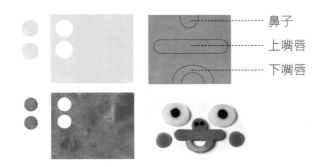

鼻子

上嘴唇

下嘴唇

10 貼上耳機

在裁好的起司魚肉棒上放半圓形火腿片，貼到臉頰兩側即完成。

＊ 如果貼不牢，可以沾少許美奶滋或用煎硬的義大利麵條固定。

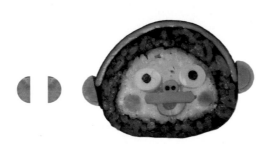

02 鯊魚寶寶飯捲

用飯的顏色做出各種風靡兒童界的鯊魚寶寶，
試著自由變換眼睛和嘴巴的形狀吧！

準備材料	飯		海苔	材料

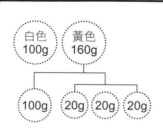

白色 100g　黃色 160g

100g　20g　20g　20g

	1
1/3	

4×10cm
3 片

另備少許海苔，
裁剪五官用。

裝飾
起司片（白色）少許
紅蘿蔔 少許

局部造型

1 魚鰭

將20g的黃色飯做成3條10公分長的三角柱,以4×10公分的海苔片包起來。

2 臉

將100g白飯和100g黃色飯各自做成長10公分、直徑6公分的半圓柱,並在白飯底部放一張1/3片的海苔。

組合

3

將步驟2的白飯和黃色飯的海苔那面貼合,放到1片海苔上。

4

單手從底部握起竹簾,將海苔和飯包起來。

5

以手將飯捲兩端的飯壓實,稍微調整形狀後切成4塊。

6

將步驟1的魚鰭平均切成四等分,共12塊。

裝飾

7 貼上眼睛、鼻子、嘴巴

嘴巴、牙齒:先將紅蘿蔔切薄片後切出半圓,再以刀尖切出鋸齒狀。
眼睛:以粗吸管壓白色起司片,做出圓形。
眼珠、鼻孔:以海苔打洞器或剪刀,將海苔裁剪成右圖的形狀。

8 貼上魚鰭

將步驟6的魚鰭貼到鯊魚頭的兩側和上方即完成。

03 萊恩飯捲

說到萊恩，當然不能少了圓滾滾的臉龐和眼睛，
用魚肉棒做出鼻子立體感，再加上海苔裝飾就大功告成！

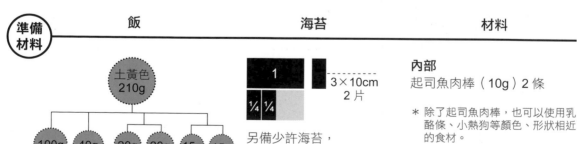

準備材料	飯	海苔	材料

飯

土黃色 210g
├─ 100g
├─ 40g
├─ 20g
├─ 20g
├─ 15g
└─ 15g

海苔

1	
¼	¼

3×10cm
2 片

另備少許海苔，
裁剪五官用。

材料

內部
起司魚肉棒（10g）2 條

＊ 除了起司魚肉棒，也可以使用乳
酪條、小熱狗等顏色、形狀相近
的食材。

1 鼻子
將兩條魚肉棒分別以1/4片的海苔捲起來。

2 耳朵
將2份15g土黃色飯分別做成長條半圓形，再用3×10公分的海苔片包起來。

組合

3 臉
取1片海苔，一端保留4公分，其他均勻鋪100g土黃色飯。

4
在飯的中央放上20g土黃色飯，鋪平成3公分的寬度。

5
將步驟1做好的鼻子放到正中央，以40g土黃色飯包覆周圍。

6
頂端再放上20g土黃色飯。

7
單手從飯捲底部握起竹簾，將海苔和飯包起來。

8
用手將飯捲兩端的飯壓實，稍微調整形狀後切成四塊。

9
將步驟2的耳朵切成四等分，共8塊。

裝飾

10 貼上眉毛、眼睛、鼻子
以海苔打洞器或剪刀，將海苔裁剪成右圖的形狀。

11 貼上耳朵
將步驟9的耳朵貼到頭上即完成。

波露露飯捲

用黃色起司片做出又大又圓的眼鏡和小巧可愛的嘴巴，
改變眼睛的形狀，表現各式各樣的豐富表情。

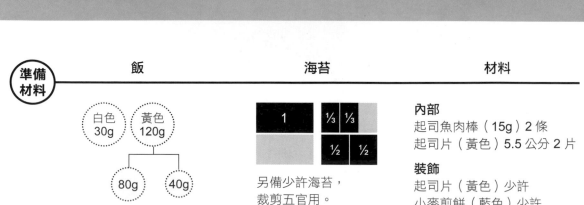

準備材料	飯	海苔	材料

飯

白色 30g　　黃色 120g

（黃色 120g 分為）80g　40g

海苔

1	⅓	⅓
	½	½

另備少許海苔，
裁剪五官用。

材料

內部
起司魚肉棒（15g）2 條
起司片（黃色）5.5 公分 2 片

裝飾
起司片（黃色）少許
小麥煎餅（藍色）少許

* 用藍色梔子粉或蝶豆花和少許麵
粉、水調成藍色麵糊後小火煎
熟，就是藍色煎餅。

1 眼睛＋鏡框

將2條起司魚肉棒分別切成
10公分長,再用1/3片海苔
包起來。

2

接著分別再以5.5公分的起
司片捲起來。起司片塑膠膜
先撕單面,捲的時候比較順
手也不會沾黏。

3

接著再分別以
1/2片的海苔包
起來。

組合

4

取1片海苔,其中一側保留
8公分,其他地方均勻鋪上
80g黃色飯。

5

在飯中央放上40g黃色飯,
攤平成4公分寬。

6

接著在上方放步驟3的2條
起司魚肉棒。

7 臉

放上30g白飯並攤平。

8

單手從下方握起竹簾,另一
手稍微按壓飯,調整形狀。

9

用竹簾將海苔和飯包起來。

10

用手將飯捲兩端的飯壓實,
稍微調整形狀後切成4塊。

11 貼上眼珠、嘴巴、帽子、鏡架

帽子：將藍色煎餅以花嘴（804號）壓出直徑2公分的圓。

P字：用模型將黃色起司片壓出英文字母P（也可以用刀子切）。

嘴巴：以粗吸管壓黃色起司片，做出圓形。

鏡架：將黃色起司片裁剪成適當的大小。

眼珠、嘴巴：以海苔打洞器或剪刀，將海苔裁剪成下圖的形狀。

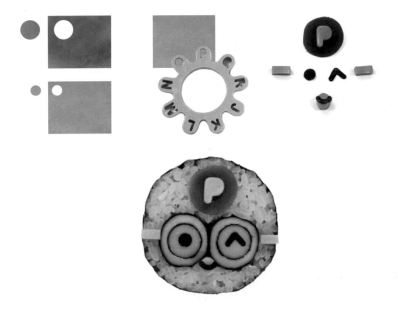

⑤ 小小兵飯捲

用魚肉棒加黃色起司，打造俏皮大眼和護目鏡，
只要再裁剪海苔貼上鏡架、五官，
不同表情變化的小小兵們立刻熱鬧登場！

準備材料

飯	海苔	材料

飯

黃色 160g
→ 80g / 50g / 30g

海苔

1	⅓	⅓
	½	½

另備少許海苔，
裁剪五官用。

材料

內部
起司魚肉棒（15g）2 條
起司片（黃色）5.5 公分 2 片

裝飾
起司片（黃色）少許

＊除了起司魚肉棒外，也可以用乳
酪條、小熱狗等做出細長圓柱狀
的眼睛。

1 眼睛＋護目鏡

將2條起司魚肉棒分別切成10公分長度，用1/3片海苔密實捲起來。

2

接著分別再以黃色起司片捲起來。捲的時候起司片的塑膠膜先撕單面就好，捲起來更順手。

3

接著分別再以1/2片的海苔再捲一次。

組合

4 臉

取1片海苔，兩端各留3公分後，均勻鋪80g黃色飯。

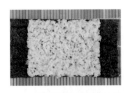
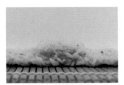

5

在飯的中央放上30g黃色飯，攤平成4公分寬。

6

中間放上步驟3做好的2條護目鏡魚肉棒。

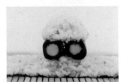

7

上方疊50g黃色飯並攤平。

8

單手從下方握起竹簾，另一手稍微壓飯，調整形狀。

9

捲起竹簾，用海苔把飯完整包覆起來。

10

用手把前後兩端的飯壓實，稍微調整形狀後切成4塊。

裝飾

11 貼上眼珠、嘴巴、頭髮、鏡架

以海苔打洞器或剪刀，將海苔裁剪成右圖的形狀，再貼到飯捲上即完成。

⓪⑥ 海豹波樂飯捲

波樂最大的特色就是小眼睛和可愛的鬍鬚，
用起司魚肉棒包覆海苔做出輪廓，再以海苔製作鬍鬚。

準備材料	飯			海苔	材料

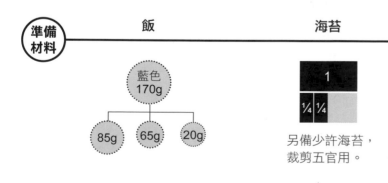

海苔

1	
¼	¼

另備少許海苔，
裁剪五官用。

材料

內部
起司魚肉棒（15g）2 條
起司片（黃色）5.5 公分 2 片

裝飾
起司片（黃色）少許

＊ 除了起司魚肉棒外，也可以用乳酪條、小熱狗等細長圓柱狀的食材做出吻部。

1 吻部

將2條起司魚肉棒分別切成10公分長,再用1/4片海苔包起來。

2

用竹簾捲起固定,避免海苔鬆開。

組合

3 臉

取1片海苔,保留其中一側3公分,其他均勻鋪85g藍色飯。

4

在飯的中央放上20g藍色飯,攤平成約4公分寬。

5

在中間放上步驟2的起司魚肉棒。

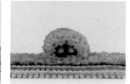

6

用65g藍色飯包覆住起司魚肉棒。

7

單手從下方握起竹簾,另一手稍微按壓調整形狀。

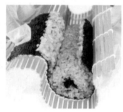

8

使用竹簾將海苔和飯完整包起來。

9

用手將飯捲兩端的飯壓實,稍微調整形狀後切成4塊。

裝飾

10 貼上眼睛、鼻子、鬍鬚

以海苔打洞器或剪刀,將海苔裁剪成右圖的形狀,再貼到臉上即完成。

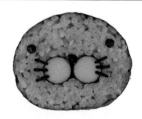

⑦ 麵包超人飯捲

運用大小不同的圓形,組合出大大的鼻子和腮紅,
只要掌握簡單的輪廓比例,就可以完成惟妙惟肖的臉蛋。

準備 材料	飯	海苔	材料

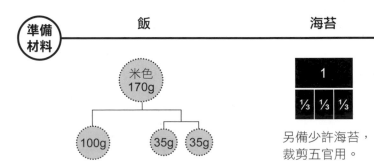

海苔

1		
⅓	⅓	⅓

另備少許海苔,
裁剪五官用。

材料

內部
起司魚肉棒(15g)2 條
起司魚肉棒(28g)1 條

＊ 除了起司魚肉棒,也可以用乳酪
條、熱狗等不同大小、可直接食
用的圓柱狀食材。

1 腮紅、鼻子
將3條起司魚肉
棒分別以1/3片
海苔包起來。

組合

2 臉
取1片海苔,其
中一側保留3公
分,其他均勻鋪
100g米色飯。

3
在飯的中央放上
35g米色飯,攤
平成約3公分寬
的平面。

4
放上步驟1的3條
起司魚肉棒,最
大的放在中間。

5
在中間最大的起
司魚肉棒上放
35g米色飯,並
均勻攤平。

6
單手從下方握起
竹簾,另一手稍
微按壓整形,再
用竹簾將海苔和
飯包起來。

7
用手將飯捲兩端
的飯壓實,稍微
調整形狀後切成
4塊。

裝飾

8 貼上眼睛、眉毛、嘴巴
以海苔打洞器或剪刀,將海苔裁
剪成右圖的形狀,再貼到臉上。

龍貓飯捲

將海苔剪成山形，貼到肚子上，
豆豆龍代表性的圓圓肚子就完成了。
改變眼睛的大小和形狀，表情也會跟著不同！

準備材料	飯		海苔		材料

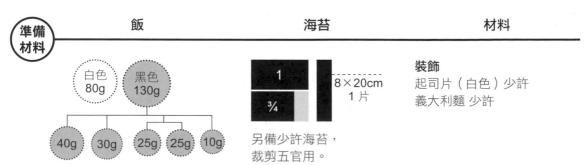

裝飾
起司片（白色）少許
義大利麵 少許

白色 80g　黑色 130g

40g　30g　25g　25g　10g

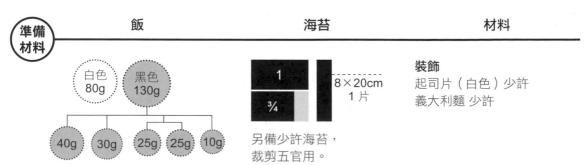

1
¾
8×20cm
1 片

另備少許海苔，
裁剪五官用。

1 肚子
將80g白飯做成直徑
4公分的半圓柱,用
3/4片海苔包起來。

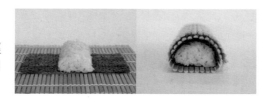

2 耳朵
在8×20公分海苔上
放40g黑色飯,鋪成
半圓狀後,用竹簾壓
成水滴狀。

組合

3
取1片海苔,在距離
其中一端5公分的地
方放上步驟1做好的
肚子。

4
接著在上方鋪平30g
黑色飯,並在肚子兩
側各放25g黑色飯,
攤平成5公分寬。

5
接著在中間的肚子上
再放10g黑色飯,稍
微壓成三角形。

6
單手從下握起竹簾,
另一手將飯調整成接
近三角的橢圓弧,再
將海苔和飯包起來。

7
用手將飯捲兩端的飯
壓實,稍微調整形狀
後成4塊。

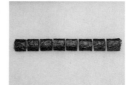

8
將步驟2的耳朵切成
八等分。

裝飾

9 貼上眼睛、鼻子、肚子、鬍鬚
眼睛:以花嘴(804號)壓白色起司片,做出圓形。
眼珠、鼻子、肚子:以海苔打洞器或剪刀,將海苔裁剪成右圖的形狀。
鬍鬚:將義大利麵條煎或炸硬,剪成適當長度。

10 貼上耳朵
將步驟8的耳朵貼到頭上即完成。
* 如果貼不牢,可以用義大利麵條固定。

09 哆拉Ａ夢飯捲

用對半切的大熱狗做出笑笑的嘴巴，
藍白色的圓滾滾大頭，是大家最愛的招牌模樣。

準備
材料

飯			海苔		材料

飯

白色
120g

藍色
80g

90g　30g

60g　20g

海苔

1	
1	½

另備少許海苔，
裁剪五官用。

材料

內部
熱狗（大）1/2 條

裝飾
起司片（白色）少許
紅蘿蔔 少許

1 嘴巴
將對半切開的1/2條
熱狗,以1/2片海苔
捲起來。

2 臉
取1片海苔,其中一
側保留5公分,其他
地方均勻鋪平90g白
飯並攤平。

3
接著在中間放30g白
飯,攤平成約5公分
寬的平面。

4
在白飯中央放上步驟
1的熱狗。

5
單手從底部握起竹簾
後,將海苔和飯包起
來。

5 頭
在另1片海苔的兩端
各留3公分,其他均
勻鋪60g藍色飯。

6
在飯的中央放上20g
藍色飯,攤平成約5
公分寬。

7
在中間放上步驟4的
白色飯捲。

8
單手從底部握起竹
簾,將海苔和飯包覆
起來。

9
用手將飯捲兩端的飯
壓實,稍微調整形狀
後切成4塊。

10 貼上眼睛、鼻子、鬍鬚
眼睛:以粗吸管壓白色起司片,做出圓形。
鼻子:先將紅蘿蔔切片,再以細吸管壓出圓形。
眼珠、鬍鬚:以海苔打洞器或剪刀,將海苔裁剪
成右圖的形狀,再貼到臉上即完成。

美樂蒂飯捲

夢幻的粉紅色飯，光看就有好心情，
點綴小小的白、黃起司片，做出可愛的美樂蒂。

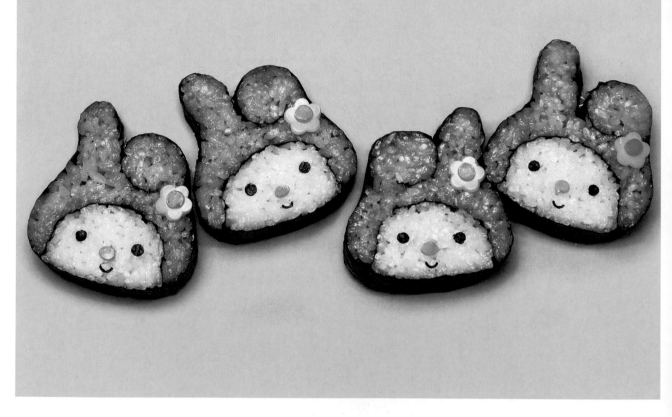

準備材料

	飯	海苔	材料

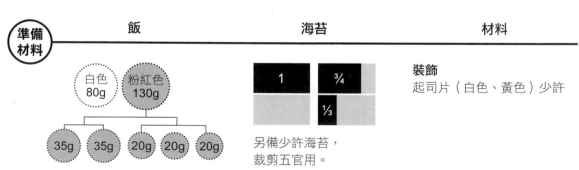

飯
白色 80g　粉紅色 130g

35g　35g　20g　20g　20g

海苔

1	¾
	⅓

另備少許海苔，
裁剪五官用。

材料

裝飾
起司片（白色、黃色）少許

1 臉

將80g白飯做成直徑4公分的半圓柱，再以3/4片海苔包起來。

2 耳朵

在1/3片海苔上均勻鋪35g粉紅色飯後捲起來，保留一點點尾端，不捲到底。

組合

3

在1片海苔的中間放上步驟1做好的臉。

4 帽子

將三份20g粉紅色飯分別在臉的上方及兩側，攤平成3公分寬。

5 耳朵

在臉上方的其中一側以35g粉紅色飯堆高，做出一邊的耳朵。

6

旁邊再貼上步驟2，完成另一邊的耳朵。

7

單手從底部握起竹簾，將海苔和飯包起來。

8

用手將飯捲兩端的飯壓實，稍微調整形狀後切成4塊。

裝飾

9 貼上眼睛、鼻子、嘴巴、髮飾

髮飾：以花形和圓形的模具分別壓白色和黃色起司片，做出裝飾花。

鼻子：稍微捏扁細吸管壓黃色起司，做出橢圓形。

眼睛、嘴巴：以海苔打洞器或剪刀，將海苔裁剪成右圖的形狀，再貼到臉上。

⑪ 皮卡丘飯捲

利用海苔的線條表現俏皮神情，
再將飯做成三角形，以海苔片裝飾，
又長又尖的俏皮耳朵就完成了！

準備材料	飯		海苔		材料

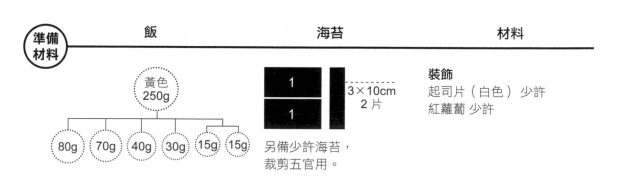

黃色
250g

80g　70g　40g　30g　15g　15g

1	
1	

3×10cm
2片

另備少許海苔，
裁剪五官用。

裝飾
起司片（白色）少許
紅蘿蔔 少許

1 嘴巴

將2份15g黃色飯分別做成長10公分的半圓,再以3×10公分的海苔片包住圓弧(底不要包)。

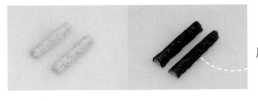

底部平面沒有海苔。

2 耳朵

將70g黃色飯做成長20公分、底邊4公分的直角三角形,放到1片海苔上。

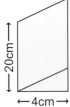

3

以竹簾將海苔和飯包覆起來。

4 臉

取1片海苔,其中一端保留6公分,其他均勻鋪80g黃色飯。

5

在飯的中央放上40g黃色飯,攤平成約4公分寬。

6

接著放上步驟1的嘴巴,海苔面朝上。

7

上方再均勻鋪30g的黃色飯。

8

單手從下方握起竹簾，
另一手稍微按壓飯，調
整形狀。

9

接著用竹簾將海苔和飯
包起來。

10

用手將飯捲兩端的飯壓
實，稍微調整形狀後切
成4塊。

11

將步驟3的耳朵平均切
成八等分。

12 貼上眼睛、鼻子、嘴巴、腮紅

眼睛、鼻子：參考下方圖案，以海苔打洞器或剪刀，將海苔裁剪成適當的形狀。

眼珠：用細吸管將白色起司片切出小圓形。

腮紅：先將紅蘿蔔切片，再以花嘴等工具壓出圓形。

13 貼上耳朵

將海苔剪成三角形，貼到步驟11的耳朵上，再將耳朵貼到頭上即完成。

＊ 如果貼不牢，可以用煎硬的義大利麵條固定。

屁屁偵探飯捲

透過連接兩個橢圓形，
完美重現屁股形狀的臉蛋，
今天也要一起找出真正的犯人！

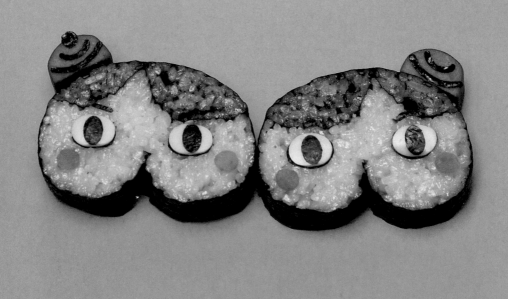

準備材料	飯				海苔		材料

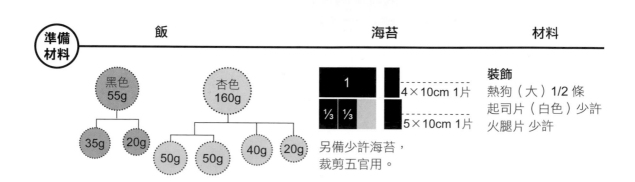

黑色 55g
杏色 160g

35g　20g

50g　50g　40g　20g

| 1 | 4×10cm 1片 |
| ⅓ | ⅓ | 5×10cm 1片 |

另備少許海苔，
裁剪五官用。

裝飾
熱狗（大）1/2 條
起司片（白色）少許
火腿片 少許

1 臉

將50g杏色飯做成2份
直徑3公分、長10公
分的半圓柱,再以1/3
片海苔包住圓弧面。

2 瀏海

將20g黑色飯做成長
10公分、寬3公分的
半圓柱。35g黑色飯
做成長10公分、寬4
公分的半圓柱。

3

將小份和大份的黑色
飯分別以4×10公
分、5×10公分的海
苔片包住圓弧面。

組合

4

取1片海苔,中間放
一根筷子,以筷子為
中心,在兩側放上步
驟1的臉,圓弧海苔
面朝下。

5

接著在上方均勻鋪一
層40g杏色飯。

6

再將20g杏色飯做成
三角形,放到中間偏
右側。

7

將步驟3的20g黑色飯放
到右側，35g黑色飯放
到左側，海苔面朝下。

8

單手從底部握起竹簾，
另一手稍微按壓調整形
狀後，將海苔和飯完整
包起來。

9

用手將飯捲兩端的飯壓
實，稍微調整形狀後切
成4塊。

10 帽子

將對半切開的1/2條熱
狗，切成四等分。

11 貼上眼睛、腮紅

眼睛：稍微壓扁粗吸管下端，再去壓白色起司片，做出橢圓形。
眼珠、眉毛：以海苔打洞器或剪刀，將海苔裁剪成下圖的形狀。
眼線：將白色起司做成的眼睛放到海苔上，再沿著邊緣剪下。
腮紅：以細吸管壓火腿片，做出圓形。

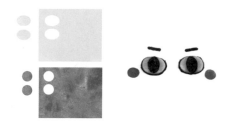

12 貼上帽子

在步驟10的熱狗上貼海苔裝飾，完成帽子後貼到頭上即可。

PART

2

∷ 動物飯捲 ∷

深受大小朋友喜愛的
可愛動物大集合！

⑬ 淘氣貓咪飯捲

用三種顏色的飯做成可愛活潑的三花貓。
睜得大大的圓眼睛、笑彎的瞇瞇眼，還有舒服睡著的閉眼，
以眼睛和鬍鬚的形狀、角度，表現貓咪的各種萌萌表情。

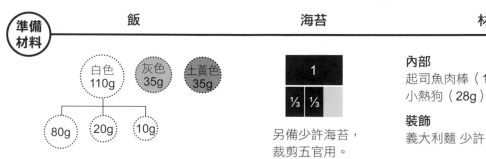

準備材料	飯			海苔	材料

飯

白色 110g
灰色 35g
土黃色 35g

80g 20g 10g

海苔

1

⅓ ⅓

另備少許海苔，
裁剪五官用。

材料

內部
起司魚肉棒（15g）2 條
小熱狗（28g）1 條 _ 做輔助用

裝飾
義大利麵 少許

＊ 小熱狗是用來壓造型用，也可以
　用其他較粗的圓柱狀物品取代。

52

1 眼睛
將2條起司魚肉棒,
分別以1/3片海苔捲
起來。

2 臉
取1片海苔,中間先
鋪80g白飯,攤平成
8公分寬,正中間再
鋪20g白飯,攤平成
4公分寬。

3
接著中間再放上10g
白飯。

4
在中間的白飯兩側放
上步驟1的魚肉棒。

5
將35g土黃色飯和35g
灰色飯各取一半,分
別鋪平在起司魚肉棒
的旁邊。

6 耳朵
將剩下的土黃色飯和
灰色飯做成三角形,
分別堆高在起司魚肉
棒的上方。

7
單手從下方握起竹
簾,另一手稍微按壓
調整形狀後,將海苔
和飯包起來。

8
在頭咪頭中間插入小
熱狗,壓出兩個耳朵
的模樣後取出。

9
用手將飯捲兩端的飯
壓實,稍微調整形狀
後切成4塊。

10 貼上眼睛、鼻子、嘴巴
眼睛、鼻子、嘴巴:以海苔打洞器或剪刀,
將海苔裁剪成右圖的形狀。
鬍鬚:將義大利麵條煎過或炸過,再剪成適
當的長度後插入臉上。

⑭ 療癒貓掌飯捲

想要做出可愛的貓咪肉球，
只需要準備白飯和不同大小的魚肉棒、熱狗，
完全沒有技巧的簡單組合，療癒度滿分！

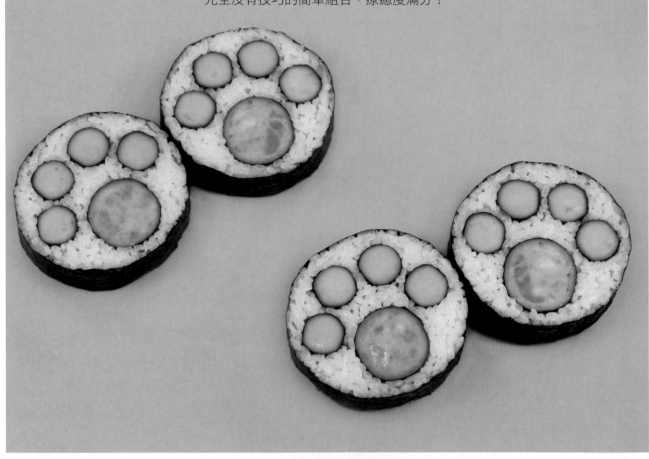

準備材料	飯	海苔	材料

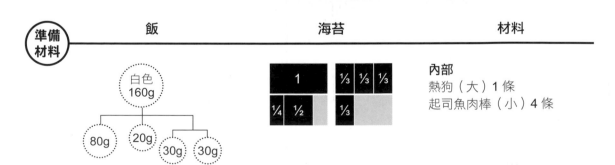

飯
白色 160g
80g 20g 30g 30g

海苔
1
¼ ½
⅓ ⅓ ⅓
⅓

材料
內部
熱狗（大）1 條
起司魚肉棒（小）4 條

1 肉球

以1/2片海苔捲起大熱
狗，4條魚肉棒分別
以1/3片海苔捲起來。

2

將20g白飯分成三等
分，如圖將4條魚肉
棒拼接在一起。

組合

3

連接1片和1/4片海苔
後，兩端保留各3公
分，其他地方均勻鋪
上80g白飯。

＊ 海苔連接方式請參考
P.12。

4

將步驟2的魚肉棒整
排放到白飯中央。

5

將30g白飯均勻鋪在
魚肉棒上方。

6

將步驟1的大熱狗放
到正中央。

7

將30g白飯均勻包覆
在大熱狗四周。

 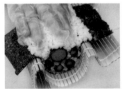

8

單手從底下握起竹
簾，另一手稍微調整
形狀後，再以竹簾將
海苔和飯包起來。

9

用手將飯捲兩端的飯
壓實，稍微調整形狀
後切成4塊。

汪汪小狗飯捲

有著小巧黑鼻和可愛折耳的小狗，
看起來非常令人疼愛，
只要把熱狗切成長長的三角形，
就能做出自然又俏皮的折耳模樣。

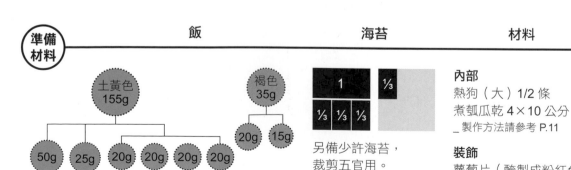

準備材料

飯

土黃色 155g
- 50g
- 25g
- 20g
- 20g
- 20g
- 20g

褐色 35g
- 20g
- 15g

海苔

1	⅓
⅓	⅓	⅓

另備少許海苔，
裁剪五官用。

材料

內部
熱狗（大）1/2 條
煮瓠瓜乾 4×10 公分
_製作方法請參考 P.11

裝飾
蘿蔔片（醃製成粉紅色）
少許

＊ 煮瓠瓜乾也可以用長菜脯
　或其他深色食材取代。

1 耳朵

將對半切開的1/2
條熱狗切半,並分
別以1/3片海苔包
起來。

2 鼻子

取1/3片海苔,擺
上煮瓠瓜乾後捲起
來,用竹簾定型成
三角形。

3 嘴巴

在1/3片海苔上擺
20g土黃色飯後捲
起來,接著直向對
半切開。

4 臉

將20g土黃色飯和
15g褐色飯做成長
條,放到1片海苔
中間,兩側如圖擺
放步驟1的熱狗。

5

將25g土黃色飯和
20g褐色飯各自擺
在同樣顏色的飯上
後,均勻鋪平。

6

在中間擺上步驟2的煮瓠瓜乾。

7

在煮瓠瓜乾兩側分別擺上20g土黃色飯。

8

在中間擺上步驟3對半切開的嘴巴（海苔面朝上）。

9

周圍以50g土黃色飯均勻覆蓋。

10

單手從底下握起竹簾，另一手稍微按壓調整形狀後，將海苔和飯包起來。

11

用手將飯捲兩端的飯壓實，稍微調整形狀後切成4塊。

裝飾

12 貼上眼睛、腮紅

眼睛：以海苔打洞器或剪刀，將海苔裁剪成下方的形狀。
腮紅：將粉紅色醃蘿蔔片裁剪成適當大小的圓形。

⑯ 小白兔飯捲

用大大的豆腐棒做出光滑的可愛臉蛋，
開心雀躍的耳朵、紅咚咚的圓臉頰，
月球上的兔子今天不搗藥，快樂度假去！

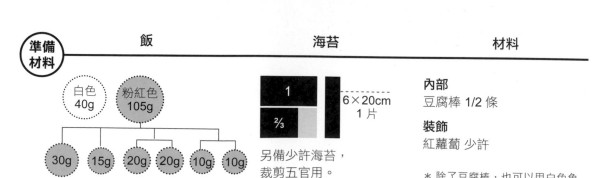

準備材料	飯		海苔	材料

飯
白色 40g　粉紅色 105g

30g　15g　20g　20g　10g　10g

海苔
1
2/3
6×20cm 1 片

另備少許海苔，
裁剪五官用。

材料

內部
豆腐棒 1/2 條

裝飾
紅蘿蔔 少許

＊ 除了豆腐棒，也可以用白色魚板、白飯、柱狀起司等可直接食用的白色食材。

1 臉

將對半切開的1/2
條豆腐棒,用2/3
片的海苔包起來。

2 耳朵

在6×20公分海苔
片上,將40g白飯
在半邊鋪成長條狀
後包起來,做成兔
子耳朵的形狀。

保留尾端不封緊

3

將包好的耳朵飯捲
切成兩段。

組合

4

在1片海苔的中央
放上步驟1的豆腐
棒,上方擺15g粉
紅色飯。

5

在粉紅色飯的兩側
擺上步驟3的耳朵
飯捲。

6

在耳朵和豆腐棒的
兩側縫隙分別填入
10g的粉紅色飯,
固定住耳朵。

7

海苔兩側分別均勻鋪20g
粉紅色飯,兩端各留3公
分不鋪飯。

8

在耳朵上方也均勻鋪上
30g粉紅色飯。

9

單手從下方握起竹簾,另
一手稍微按壓整理飯的形
狀後,把竹簾包起來,讓
海苔完整包覆飯。

10

用手把飯捲兩端的飯壓緊
實,稍微調整形狀後切成
4塊。

11 貼上眼睛、鼻子、嘴巴

眼睛、鼻子、嘴巴：以海苔打洞器或剪刀，將海苔裁剪成下圖的形狀。
腮紅：先將紅蘿蔔切片，再以花嘴等小圓模具壓出圓形。

翩翩蝴蝶飯捲

用長方形的玉子燒做出蝴蝶的身體，
再以不同大小的熱狗、魚肉棒拼接出美麗翅膀。

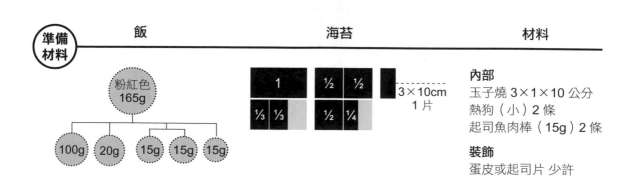

準備材料	飯		海苔			材料

飯
粉紅色
165g
100g 20g 15g 15g 15g

海苔
| 1 | ½ | ½ |
| ⅓ ⅓ | ½ | ¼ |
3×10cm
1 片

材料

內部
玉子燒 3×1×10 公分
熱狗（小）2 條
起司魚肉棒（15g）2 條

裝飾
蛋皮或起司片 少許

1 大翅膀

將2條熱狗分別以
1/2片的海苔捲起
來。

2 小翅膀

將2條起司魚肉棒
分別以1/3片海苔
捲起來。

3 身體

將玉子燒以1/2片
海苔捲起來。

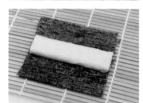

4

將15g粉紅飯捏成
長10公分的三角
形,再以3×10公
分海苔貼住兩邊
(第三面不包)。

此面不包海苔。

5

連接1片和1/4片海
苔,一端保留5公
分,其他均勻鋪
100g粉紅飯。
＊海苔連接方式請參
考P.12。

6

在飯中間直立擺放
步驟3的玉子燒,
並在兩側都放上步
驟1、2的翅膀。

7

在兩邊熱狗上方分
別擺放15g粉紅飯
(不要蓋到玉子燒
上方)。

8

將步驟4的三角形
倒過來放到中間,
海苔面朝下。

9

將20g粉紅色飯覆
蓋到中間上方。

10

單手握起竹簾,另
一手稍微按壓調整
形狀後,再將海苔
和飯包起來。

11

用手將飯捲兩端的
飯壓實,稍微調整
形狀後切成4塊。

12

依喜好貼上蛋皮或
起司片裝飾即可。

⑱ 羊咩咩飯捲

用黑白色的飯模擬出山羊的紋路,
細微的眼珠和眉毛變化,
就可以讓表情截然不同。

準備材料	飯			海苔		材料

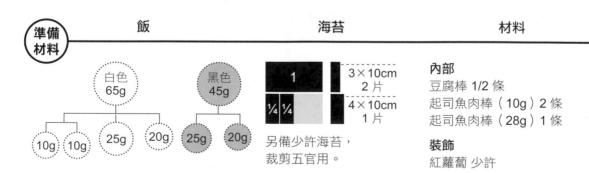

飯

白色 65g
├ 10g
├ 10g
├ 25g
└ 20g

黑色 45g
├ 25g
└ 20g

海苔

1		3×10cm 2 片
¼	¼	4×10cm 1 片

另備少許海苔,
裁剪五官用。

材料

內部
豆腐棒 1/2 條
起司魚肉棒（10g）2 條
起司魚肉棒（28g）1 條

裝飾
紅蘿蔔 少許

＊ 除了豆腐棒、魚肉棒,也可以用乳酪條、魚板、熱狗等食材,注意不能生食的食材必須事先煮熟。

66

1 嘴巴
將1條豆腐棒對半
切開。

2 眼睛
將2條起司魚肉棒
（10g）各自以
1/4片的海苔捲起
來。

3 耳朵
將2份10g白飯分
別放到3×10公分
的海苔上，對半折
後壓成水滴狀。

組合

4
將步驟2的2條魚
肉棒放到4×10公
分的海苔片上。

5 臉
以20g白飯和20g
黑色飯蓋住魚肉棒
周圍。

6
在白飯上放25g黑
色飯，在黑色飯上
放25g白飯，捏成
圓弧狀。

7
在1片海苔的中間
放上步驟1的豆腐
棒，將平面朝上，
再放上步驟6。

8

單手從底部握起竹簾,將
海苔和飯包起來。

9

用手將飯捲兩端的飯壓
實,稍微調整形狀後切成
4塊。

10

將步驟3的耳朵切成四等
分,共8塊。

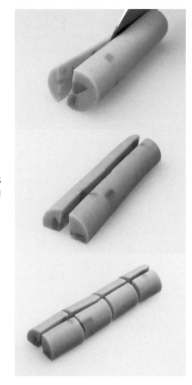

11 羊角

將起司魚肉棒（28g）先
縱向切掉1/3再對半切
開，最後橫切成四等分，
共8塊。

裝飾

12 貼上眼睛、眉毛、睫毛、腮紅

眼睛、眉毛、睫毛：以海苔打洞器或剪刀，
將海苔裁剪成右圖的形狀。
腮紅：先將紅蘿蔔切片，再以花嘴等工具壓
出圓形。

13 貼上耳朵、角

將步驟11的魚肉棒放到頭上中間，兩側貼上
步驟10的耳朵。
* 如果貼不牢，可以用煎硬的義大利麵條固定。

⑲ 帥氣老虎飯捲

以褐色飯做出老虎的臉，紋路則用海苔表現。
用來當成臉的豆腐棒，也可以用其他食材或白飯來做，
找出各種形狀的食材拼接，飯捲就像拼圖一樣充滿樂趣！

準備 材料	飯		海苔		材料

飯

褐色
100g

40g　20g　20g　20g

海苔

1		⅓	¼	¼
		⅓	⅔	

另備少許海苔，
裁剪五官用。

材料

內部
起司魚肉棒（10g）2 條
起司腸 1/2 條
煮瓠瓜乾 3×10 公分
_ 製作方法請參考 P.11

裝飾
起司片（白色）少許

＊ 除了魚肉棒、豆腐棒，也可以選用乳酪條、白飯、熱狗等製作。
　煮瓠瓜乾換成菜脯也很對味。

1 眼睛
將2條起司魚肉棒各自以1/4片海苔捲起來。

2 鼻子
在1/3片海苔上鋪煮瓠瓜乾後捲起來。

3 嘴巴
將對半切開的1/2條豆腐棒，斜切做出扇形切面，再以2/3片海苔包起來。

4 耳朵
在1/3片海苔上放20g褐色飯，捲起來後稍微調整成半圓柱。

組合

5
取1片海苔，在中間放上步驟3的豆腐棒。

6
在豆腐腸中間放步驟2的煮瓠瓜乾，兩側各放上20g褐色飯，鋪成和煮瓠瓜乾一樣的高度。

7 臉
在中間放上步驟1的兩條
魚肉棒，兩側和上方以
40g褐色飯覆蓋。

8
單手握起竹簾，另一手以
竹簾將海苔和飯包起來。

9

用手將飯捲兩端的飯壓
實，稍微調整形狀後切成
4塊。

10

將步驟4的耳朵縱切對半
後，再橫切成四等分，共
8塊。

裝飾

11 貼上眼睛、嘴巴、斑紋

眼睛、嘴巴：以海苔打洞器或剪刀，將海苔
裁剪成右圖的形狀。
斑紋：將海苔剪成數個三角形，貼到老虎的
頭和臉上。

12 貼上耳朵

將步驟10的耳朵貼到頭上，再將白色起司片
剪成半圓形，做成耳朵裝飾。

⑳ 快樂螃蟹飯捲

身體是豆腐棒，蟹螯則是起司魚肉棒，
再加上用蟹肉棒做成的蟹腳，
把各種食材剪剪貼貼，變出可愛的小螃蟹！

準備材料	飯	海苔	材料

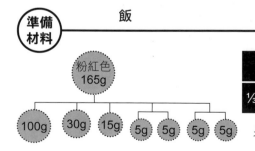

海苔

1	¼ ¼ ¼ ¼	■
⅓ ⅔	¼ ¼ ■	7×10cm 2 片

另備少許海苔，裁剪五官用。

* 起司腸比較難買，改用乳酪條、白飯、魚板等食材也很方便。

內部
起司腸 1/2 條
蟹肉棒 1 條
起司魚肉棒（10g）2 條
起司片（白色）4 公分
×2 片 _ 置於常溫放軟

裝飾
紅蘿蔔 少許

74

1 身體

將對半切開的1/2條豆腐棒，
以2/3片海苔包起來。

2 蟹腳

蟹肉棒先直切一半再直切一
半，變成4塊，分別以1/4片
海苔包起來。

3 蟹螯

將2條起司魚肉棒分別切下
1/4角，做出蟹螯的形狀，
再以1/4片海苔包起來。

4 眼睛

將2片起司片分別捲起來。
起司片塑膠膜先撕單面，另
一面當竹簾般輔助，更方便
捲起。

5

將2個捲好的起司片分別放
到7×10公分的海苔上，對
半折起來，海苔處貼合。

6

將1片和1/3片海苔連接後，其中一端保留5公分，其他均勻鋪上100g粉紅色飯。

＊ 海苔連接方式請參考P.12。

7

在飯中間放上步驟1的豆腐棒。

8

在豆腐棒兩側各放上2個步驟2的蟹肉棒，縫隙處分別補5g粉紅色飯固定。

9

在蟹肉棒上方放步驟3的魚肉棒，並在凹陷處各補5g粉紅色飯固定。

10

將15g粉紅色飯分2份，均勻鋪在步驟5的海苔接合處。

11

將步驟10放到步驟9的上方，有飯的那側朝下，黏到魚肉棒的海苔上。

12

在上方凹陷處補30g粉紅色飯。

13

單手握起竹簾，另一手稍微按壓調整形狀後，再以竹簾將海苔和飯包起來。

14

用手將飯捲兩端的飯壓實，稍微調整形狀後切成4塊。

裝飾

15 貼上眼睛、嘴巴、腮紅

眼睛、嘴巴：以海苔打洞器或剪刀，將海苔裁剪成下圖的形狀。
腮紅：先將紅蘿蔔切片，再以花嘴等工具壓出圓形。

㉑ 無尾熊飯捲

無尾熊大大的耳朵以熱狗表現，
貼上圓圓的紅蘿蔔臉頰，
可愛的臉蛋立刻完成！

準備材料	飯		海苔					材料

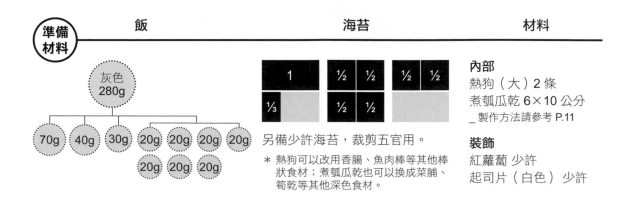

另備少許海苔，裁剪五官用。

* 熱狗可以改用香腸、魚肉棒等其他棒狀食材；煮瓠瓜乾也可以換成菜脯、筍乾等其他深色食材。

內部
熱狗（大）2 條
煮瓠瓜乾 6×10 公分
_製作方法請參考 P.11

裝飾
紅蘿蔔 少許
起司片（白色）少許

1 鼻子

在1/2片海苔上放煮
瓠瓜乾後,用竹簾捲
成三角形。

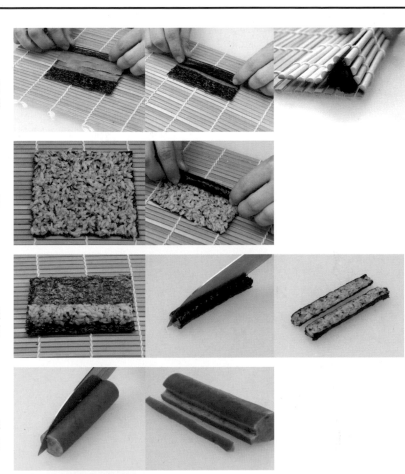

2 額頭

在1/2片海苔上均勻
鋪平30g灰色飯後,
捲起來。

3 嘴巴

將20g灰色飯鋪成長
條狀,以1/3片海苔
捲起後對半切開。

4 耳朵

將2條熱狗各自切掉
1/3後,再如圖切出
一個凹角。

5

接著2條熱狗各自以
1/2片海苔包起來。

＊ 捲好後在凹角處放一根
　竹筷再用竹簾壓緊實,
　避免海苔不服貼。

6

在1/2片海苔中間鋪
平20g灰色飯,放1
條步驟5的熱狗(平
坦面朝上)後,以竹
簾包起來。另1條熱
狗重複同樣動作。

7

取1片海苔，兩側各保留2公分，中間均勻鋪平70g灰色飯。

8

在飯的中間放上步驟2的額頭。

9

兩側各自用20g灰色飯堆到和額頭等高。

10

將步驟1的煮瓠瓜乾倒放在中間（呈倒三角形），兩側再分別堆20g的灰色飯。

11

將步驟3的飯面朝下，並排在中間。

12

接著用40g灰色飯將步驟
11四周包起來。

13

單手握起竹簾，另一手稍
微按壓調整形狀後，再以
竹簾將海苔和飯包起來。

14

用手將飯捲兩端的飯壓
實，稍微調整形狀後切成
4塊。

15

將步驟6的耳朵切成四等
分，共8塊。

裝飾

16 貼上眼睛、腮紅

眼睛：以海苔打洞器或剪刀，將海苔裁剪成
右圖的形狀。
眼珠：用細吸管將白色起司片切出小圓形。
腮紅：先將紅蘿蔔切片，再以花嘴等工具壓
出圓形。

17 貼上耳朵

在臉的兩側先以竹籤戳洞，再用煎硬的義大
利麵將耳朵固定上去即完成。

㉒ 嗡嗡蜜蜂飯捲

利用黃色飯、起司片等不同深淺的黃做出輪廓，
再以海苔製作紋路，勤勞的蜜蜂們要出門採蜜囉！

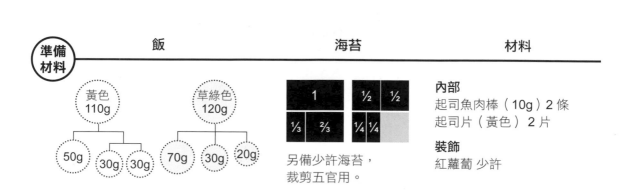

準備材料	飯		海苔	材料

飯

黃色 110g
├ 50g
├ 30g
└ 30g

草綠色 120g
├ 70g
├ 30g
└ 20g

海苔

1		½	½
⅓	⅔	¼	¼

另備少許海苔，
裁剪五官用。

材料

內部
起司魚肉棒（10g）2 條
起司片（黃色）2 片

裝飾
紅蘿蔔 少許

1 頭

將50g黃色飯在1/2片海苔上鋪成長方形後捲起來。

2 身體

起司片切成3公分寬後,將三片疊起來,用1/2片海苔包起來。

3

將2份30g黃色飯各自做成長10公分、寬3公分的半圓形。

4

接著在2份飯中間夾入步驟2的起司片。

5

再以2/3片海苔整個捲起來。

6 翅膀

將2條起司魚肉棒分別以1/4片的海苔捲起來。

7

連接1片和1/3片海苔,在海苔兩側保留各4公分,中間均勻鋪平70g草綠色飯。

* 海苔連接方式請參考P.12。

8

在中間並排放上步驟1的頭和步驟5的身體。

9

將步驟6的2條魚肉棒並排放在步驟5的飯捲上方。

10

以20g草綠色飯將魚肉棒
蓋起來。

11

再以30g草綠色飯將上方
鋪平。

12

單手握起竹簾,另一手稍
微按壓整理形狀後,以竹
簾將海苔和飯包起來。

13

用手將飯捲兩端的飯壓
實,稍微調整形狀後切成
4塊。

14 貼上眼睛、嘴巴、紋路、螯針、腮紅

眼睛、嘴巴、紋路、螯針：以海苔打洞器或剪刀，將海苔裁剪成下圖形狀。

腮紅：先將紅蘿蔔切片，再以花嘴等工具壓出圓形。

PART

3

花果飯捲

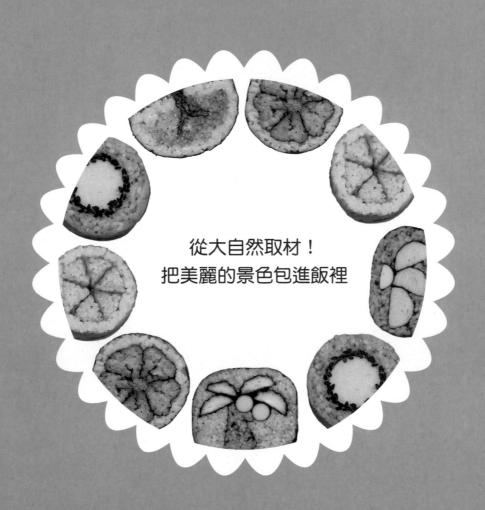

從大自然取材！
把美麗的景色包進飯裡

(23)

櫻花樹飯捲

以粉紅色飯和巴西里，
讓燦爛的櫻花紛紛綻放！
感受春天的幸福氣息。

(23)

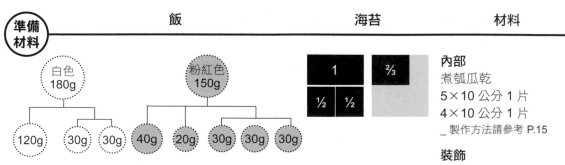

準備材料	飯		海苔		材料

內部
煮瓠瓜乾
5×10 公分 1 片
4×10 公分 1 片
_ 製作方法請參考 P.15

裝飾
巴西里碎 少許
醃蘿蔔片（粉紅色）少許

* 煮瓠瓜乾也可以換成菜
脯、筍乾等其他食材。

1 樹幹

將5×10公分的煮瓠瓜乾放在2/3片海苔中間，左右往內包起來。4×10公分的瓠瓜乾則用1/2片海苔包起來。

2

連接1片和1/2片海苔後，其中一側保留5公分，其他均勻鋪上120g白飯。

3

將2份30g白飯分別堆成3公分寬，放到白飯中間，間隔1公分。

4

將2份30g粉紅色飯放到同樣的位置。

5

在飯的中間放煮上步驟1的5公分瓠瓜乾，做成ㄇ的形狀，旁邊直立放4公分煮瓠瓜乾。

6

5公分煮瓠瓜乾上平鋪40g粉紅飯，4公分煮瓠瓜乾上平鋪20g粉紅飯。

7

在上方堆30g粉紅色飯，做成半圓形的弧狀。

8

單手握起竹簾，另一手稍微按壓調整形狀，再以竹簾將海苔和飯包起來。

9

用手將飯捲兩端的飯壓實，稍微調整形狀後切成4塊。

10

將巴西里碎鋪在下方，做出草地。並用花型模具壓醃蘿蔔片，做出櫻花。

櫻花飯捲

將一片片花瓣連接起來的美麗櫻花，
切開後綻放出春天的氣息。
即便花瓣大小有點不同也很自然可愛！

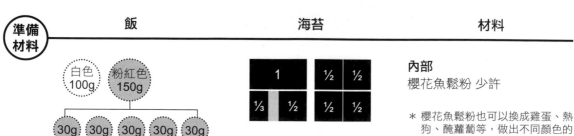

準備材料	飯	海苔	材料

飯

白色 100g.　粉紅色 150g

30g　30g　30g　30g　30g

海苔

1	½	½
⅓ ½	½	½

內部
櫻花魚鬆粉 少許

* 櫻花魚鬆粉也可以換成雞蛋、熱狗、醃蘿蔔等，做出不同顏色的花蕊。

1 花瓣

將5張1/2片海苔各自裁
下1公分備用。

2

海苔其中一端保留1公
分,其餘鋪平30g粉紅
飯後,如圖將裁下的1
公分海苔貼在飯邊緣。

3

接著如圖對折(飯的兩
側邊緣對齊貼上),在
上方中間插一根竹筷,
做出花瓣的形狀。

4

剪掉下方多餘的海苔。
剩下4份粉紅色飯重複
步驟2~3,做出5條花
瓣飯捲。

5 花蕊

單手從下方握起竹簾,
放上4條花瓣飯捲,讓
花瓣繞成一個圓。

6

在花瓣中間放一排櫻花
魚鬆粉。

7

再放入最後一條花瓣飯
捲,整理成圓形後,用
竹簾捲起來。

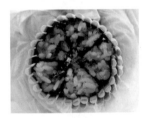

組合

8

將1片和1/3片海苔連接
在一起,海苔一側保留
5公分,其他地方均勻
鋪平100g白飯。

＊ 海苔連接方式請參考P.12。

9

在飯中間放上步驟7的花
朵飯捲後,單手握起竹
簾,將海苔和飯包起來。

10

用手將飯捲兩端的飯壓
緊實,稍微調整形狀後
切成4塊。

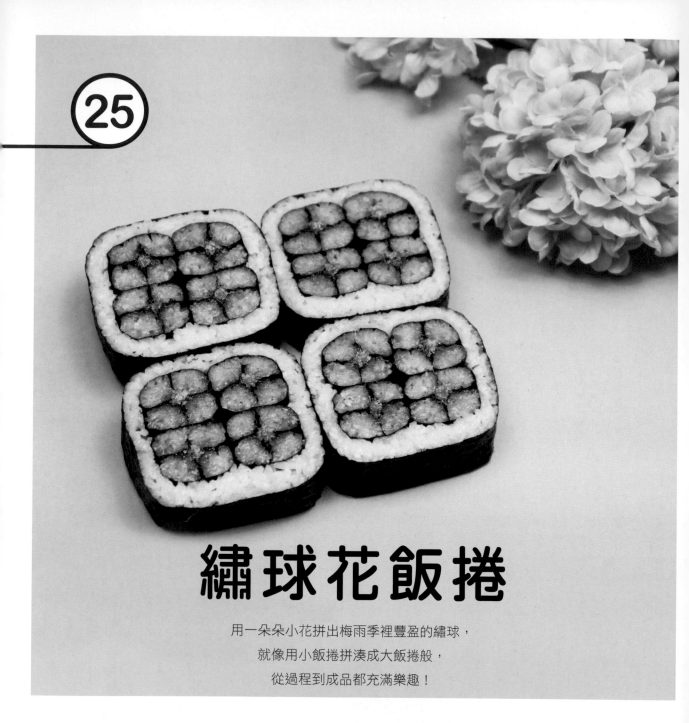

繡球花飯捲

用一朵朵小花拼出梅雨季裡豐盈的繡球，
就像用小飯捲拼湊成大飯捲般，
從過程到成品都充滿樂趣！

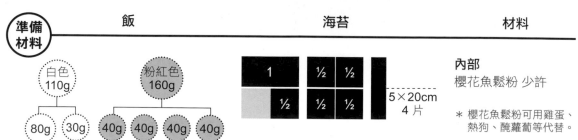

準備材料	飯				海苔			材料
	白色 110g		粉紅色 160g		1	½	½	**內部**
	80g 30g		40g 40g 40g 40g		½	½	½	櫻花魚鬆粉 少許
							5×20cm 4片	* 櫻花魚鬆粉可用雞蛋、熱狗、醃蘿蔔等代替。

1 花瓣

將4份40g粉紅色飯，各自以5×20公分的海苔片捲起來。

2

接著對半橫切開。

3

再縱向切成兩半，注意底部海苔不要切斷。完成4個花瓣（一條2瓣）。

4 花蕊

取1/2片海苔，先放一個步驟3的花瓣（海苔面朝上），中間加櫻花魚鬆粉。

5

再放一個花瓣後，以竹簾捲起來，完成一朵小花。重複步驟4～5，做出4朵小花。

6

連接1片和1/2片海苔後，兩側各保留5公分，中間均勻平鋪80g白飯。

＊海苔連接方式請參考P.12。

7

在飯中間擺放步驟5的4朵小花，排成兩排。

8

在上方平鋪30g白飯。

9

單手握起竹簾，另一手稍微按壓調整形狀後，再以竹簾將海苔和飯包起來。

10

用手將飯捲兩端的飯壓實，稍微調整形狀後切成4塊。

㉖ 椰子樹飯捲

用小黃瓜切出椰子葉的形狀，
加上圓滾滾的椰子，
南洋風情的飯捲立刻完成！

準備材料	飯		海苔		材料

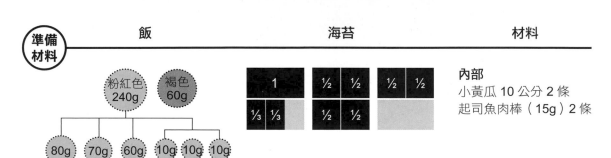

內部
小黃瓜 10 公分 2 條
起司魚肉棒（15g）2 條

1 椰子葉

將小黃瓜對半切開後,切掉中段有籽的地方,再各自用1/2片海苔包起來。
重複同樣步驟做出4片椰子葉。

2 果實

將2條起司魚肉棒分別以1/3片海苔包起來。

組合

3 樹幹

取1/2片海苔,在末端將60g褐色飯鋪成下圖的樹幹形狀後,用竹簾包起
來。注意樹幹上方不要包到海苔(如圖示)。

這一面不包海苔

4

連接1片和1/2片海苔後，
兩側各保留5公分，中間
均勻平鋪80g粉紅色飯。
＊海苔連接方式請參考P.12。

5

在中間將10g粉紅色飯做
成三角形，接著放上兩片
步驟1的小黃瓜椰子葉，
平坦面朝上。

6

左側再放上另一片小黃
瓜，平坦面朝上斜放，兩
葉片間的縫隙補10g粉紅
色飯固定。

7

中間放上一條步驟2的魚
肉棒，右側再放一片小黃
瓜，兩葉片間補10g粉紅
色飯固定。

8

在魚肉棒右側放另一條魚肉棒，接著將步驟3的樹幹放到中間魚肉棒上方。

9

樹幹左側鋪60g粉紅色飯，右側鋪70g粉紅色飯，整理成相同高度。

10

單手握起竹簾，另一手稍微按壓整理形狀後，再以竹簾將海苔和飯包起來。

11

用手將飯捲兩端的飯壓實，稍微調整形狀後切成4塊。

奇異果飯捲

除了海苔，用彩色的千張、豆皮包飯捲也很適合，
顏色更繽紛外，和海苔不同的香氣、口感，
也能夠為造型飯捲帶來更多的變化。

準備 材料	飯	海苔	材料
	草綠色 120g	 1 以豆皮（綠色）代替	**內部** 起司魚肉棒（直徑約 2.5 公 分）1 條 **裝飾** 黑芝麻粒 少許 ＊ 起司魚肉棒也可以換成白飯、乳 酪條、魚板等食材。

1

保留豆皮末端5公分，其他地方均勻鋪上120g草綠色飯。

2 果肉

在飯中間放起司魚肉棒。

3

單手握起竹簾，將豆皮和飯包起來。

4

用手將飯捲兩端的飯壓實，稍微調整形狀後切成4塊。

5 籽

以黑芝麻做奇異果籽裝飾。

㉘ 柳丁飯捲

用橘色豆皮做出柳丁皮,看起來非常逼真!
水果飯捲的難度低,很適合新手嘗試,
做出來的模樣清新可愛,是很受喜愛的人氣飯捲。

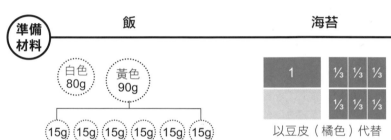

準備材料	飯		海苔			
	白色 80g / 黃色 90g		1	⅓	⅓	⅓
	15g 15g 15g 15g 15g 15g			⅓	⅓	⅓
			以豆皮(橘色)代替			

1 果肉

將6份15g黃色飯各自
做成長10公分的三角
形,再分別以1/3片豆
皮包起來。

2

單手握起竹簾,將6條
果肉排成圓形。

3 柳丁

取1張豆皮,末端保留
3公分,其他地方均勻
鋪平80g白飯。

4

單手握起竹簾,將步驟
2的果肉放到中間,再
以竹簾將豆皮包起來。

5

用手將飯捲兩端的飯壓
實,稍微調整形狀後切
成4塊。

(29) 香蕉飯捲

用黑色的飯和玉子燒的黃色做出強烈對比，
突顯出香蕉鮮明的美麗色彩。

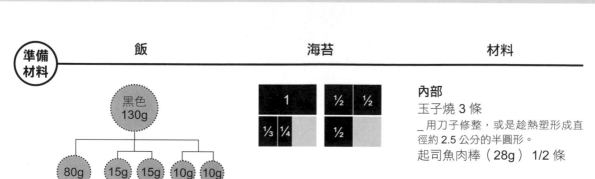

準備材料	飯		海苔		材料

飯

黑色 130g

80g　15g　15g　10g　10g

海苔

1	½	½
⅓　¼	½	

材料

內部
玉子燒 3 條
_ 用刀子修整，或是趁熱塑形成直徑約 2.5 公分的半圓形。
起司魚肉棒（28g） 1/2 條

1 香蕉

將3條半圓形玉子
燒,各自用1/2片
海苔包起來。

2

將對半切開的1/2條
起司魚肉棒,以1/3
片海苔包起來。

3

將玉子燒如圖擺
放。旁邊可以暫時
擺起司魚肉棒,避
免玉子燒倒下。

4

在玉子燒的縫隙各
鋪10g黑色飯,做
出香蕉模樣。

組合

5

連接1片和1/4片海
苔後,其中一側保
留4公分,其他平
鋪上80g黑色飯。

＊ 海苔連接方式請參
考P.12。

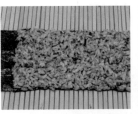

6

在飯中間放步驟2
的起司魚肉棒。

7

起司魚肉棒兩側各
放上15g黑色飯。

8

放上步驟4用玉子
燒做的香蕉。

9

單手握起竹簾,將
海苔和飯包起來。

10

用手將飯捲兩端的
飯壓實,稍微調整
形狀後切成4塊。

PART

4

角色飯捲

用簡單的彩色飯拼接，
做出童話般俏皮可愛的人物，
今天也是充滿歡樂的一天！

小學童飯捲

把準備去上課的孩子，做成可愛的飯捲吧！
還可以依照學校的制服更換衣服顏色，營造更多樂趣。
利用玉子燒做出黃色的學生帽，造型簡單、口味更豐富！

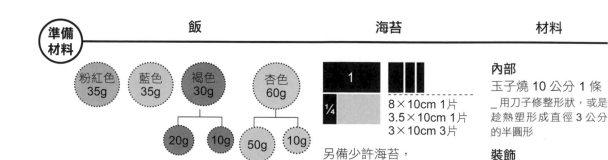

準備材料	飯				海苔	材料

飯

粉紅色 35g	藍色 35g	褐色 30g		杏色 60g	
		20g	10g	50g	10g

海苔

■ 1	■■■
☐ 1/4	8×10cm 1片
	3.5×10cm 1片
	3×10cm 3片

另備少許海苔，
裁剪五官用。

材料

內部
玉子燒 10 公分 1 條
_用刀子修整形狀，或是
趁熱塑形成直徑 3 公分
的半圓形

裝飾
蛋片 少許
紅蘿蔔 少許

1 耳朵

將10g杏色飯以1/4片海
苔捲成圓柱形。

2 小女孩的頭髮

在3×10公分的海苔一端
鋪10g褐色飯後，包成橢
圓形。包的時候保留開
口，不要包到頂端的飯。

3 身體

取各35g的粉紅飯和藍色
飯，分別做成半圓形，放
到8×10公分的海苔片
上，如圖用海苔包起來，
保留一點縫隙。

4 帽子

將做成半圓形的玉子燒切
開下方0.5公分後，夾入
3×10公分的海苔片。

5 頭

取一張3×10公分海苔，
平鋪20g褐色飯後，以竹
筷在中間輕壓。再取一片
3.5×10公分海苔對折，
如圖放到褐色飯上。

6

將50g杏色飯做成稍圓的
形狀，放到海苔片上。

7
取1片海苔，在中間放步驟6的杏色飯，飯面朝下放。

8
接著放上步驟4的玉子燒，以竹簾將海苔和飯包起來。

9
切成4塊。

10 耳朵
將步驟1的飯捲直切對半，再橫切成四等分，共8塊。

11 小女孩的頭髮&身體
將步驟2和3均切成4塊。

12 貼上眼睛、嘴巴、腮紅

眼睛、嘴巴：以海苔打洞器或剪刀，將海苔裁剪成下圖的形狀。
腮紅：先將紅蘿蔔切片，再以花嘴等工具壓出圓形。
衣服裝飾：將蛋片裁切成適當的大小和形狀。

13 連接頭和身體

小女孩：在臉旁貼步驟10的耳朵後，連接步驟11的粉紅衣服和頭髮。
小男孩：在臉旁貼步驟10的耳朵後，連接步驟11的藍色衣服。

草莓女孩飯捲

用紅色的飯搭配芝麻裝飾，
簡簡單單完成超可愛的草莓造型帽，
也可以換其他顏色做出不同水果的模樣哦！

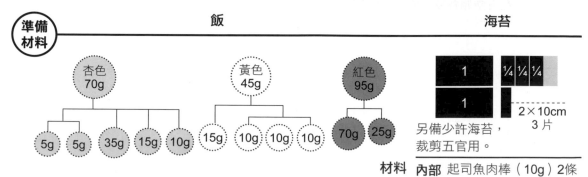

準備材料	飯		海苔

* 除了起司魚肉棒，也可以使用乳酪條等
  其他偏白的棒狀食材。

材料　**內部** 起司魚肉棒（10g）2條

　　　　　裝飾 紅蘿蔔 少許
　　　　　　　　　黑芝麻粒 少許

另備少許海苔，
裁剪五官用。

2×10cm
3 片

1 眼睛

將2條起司魚肉棒各自以1/4片海
苔捲起來。

2 頭

將3份10g黃色飯分別做成10公
分長的半圓長條,以2×10公分
的海苔片蓋住圓弧面。

組合

3

將3份黃色飯並排,在縫隙間分
別放上5g杏色飯,整理成同樣
的高度。

4

最上層再均勻鋪蓋15g杏色飯。

5

在步驟4的中間鋪10g杏色飯,
左右兩側各放一條步驟1的起司
魚肉棒。

6 臉

以35g杏色飯蓋在上方,包覆成
圓形。

7

取1片海苔，將步驟6倒放
上去。

8

上方再疊15g黃色飯後，
以竹簾將海苔和飯包起
來。

9

連接1片和1/4片海苔後，
其中一側保留7公分，其
他均勻平鋪70g紅色飯。
＊海苔連接方式請參考P.12。

10

將步驟8放到紅色飯中
間，接著將25g紅色飯做
成三角形，放到中間。

11

單手從底部握起竹簾,將
海苔和飯包起來。

12

用手將飯捲兩端的飯壓
實,稍微調整形狀後切成
4塊。

装飾

13 貼上眼睛、嘴巴、鼻子、籽

眼睛、嘴巴:以海苔打洞器或剪刀,將海苔裁剪成下圖的形狀。
鼻子:先將紅蘿蔔切片,再以花嘴等工具壓出圓形。
籽:以黑芝麻裝飾草莓。

金髮公主飯捲

美麗的公主怎麼能少了夢幻的金色捲髮？
只要一步一步按照步驟捲捲貼貼，
看吶！童話世界裡的公主登場了！

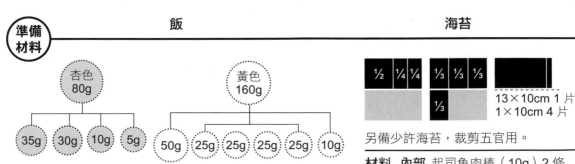

準備材料	飯									海苔	

飯

杏色 80g
├ 35g
├ 30g
├ 10g
└ 5g

黃色 160g
├ 50g
├ 25g
├ 25g
├ 25g
├ 25g
└ 10g

＊ 除了起司魚肉棒，也可以使用乳酪條等其他偏白的棒狀食材。

海苔

½	¼	¼		⅓	⅓	⅓		
					⅓			

13×10cm 1 片
1×10cm 4 片

另備少許海苔，裁剪五官用。

材料 　**內部** 起司魚肉棒（10g）2 條
　　　　　裝飾 起司片（白、黃）少許

1 眼睛
將2條起司魚肉棒分別以1/4片海苔捲起來。

2 捲髮
在1/3片海苔上均勻鋪平25g黃色飯，在其中一端放一張1×10公分的海苔，如同蝸牛般捲起來。共做4份。

3 臉
在1/2片海苔的中間放35g杏色飯，鋪平成5公分寬。

4
中間再放上10g杏色飯，堆成長條形。

5
兩側放步驟1的起司魚肉棒。

6
上方均勻鋪30g杏色飯，將魚肉棒包起來。

7

在上方中間再堆5g杏色飯。

8 頭

取2條步驟2的捲髮飯捲，如圖
對向擺上。

9

單手握起竹簾，稍微整理頭部的
形狀。

10

在上方鋪10g黃色飯，完成公主
的臉型。

11

在13×10公分海苔上均勻鋪50g
黃色飯，接著在中間倒放步驟
10的臉。

12

利用竹簾，讓兩邊黃色飯分別貼住臉的兩側。

13

再取2條步驟2的捲髮飯捲，如圖貼在兩側，做出捲曲髮尾。

14

用手將飯捲兩端的飯壓實，稍微調整形狀後切成4塊。

装飾

15 貼上眼睛、嘴巴、皇冠

眼睛、嘴巴：以海苔打洞器或剪刀，將海苔裁剪成下圖的形狀。
皇冠：用白色、黃色起司片裁切出公主的皇冠。

PART

5

∴ 節日飯捲 ∴

在特別的日子裡，
把心意做成一捲捲的飯捲，
送給自己和特別的人！

(33) 糖果飯捲

準備材料

飯		海苔

白色 100g

20g 20g 20g
20g 20g

粉紅色 60g

10g 10g 10g
10g 10g 10g

藍色 60g

10g 10g 10g
10g 10g 10g

1	⅛
½	½	

1 中間的糖果

取1片海苔，保留其中一端的邊緣，其他如
圖交錯擺放有顏色的飯（此處使用10g粉紅
飯三份、10g藍色飯三份、20g白飯兩
份），分別攤成3.5公分後捲起來。

2

捲好後的側面，不同顏色的飯會呈現蝸牛般
的螺旋狀。

3 蝴蝶結A、B

A 取20g白飯、10g粉紅飯兩份、10g藍色飯
　兩份，分別做成三角形後，將白飯放到
　1/2片海苔中間，其他如圖配置在兩側。

B 取20g白飯兩份、10g粉紅飯、10g藍色
　飯，分別做成三角形後，將有顏色的飯
　放到1/2片海苔中間，兩側放白飯。

4

將4張1/8片的海苔各自對折，放到步
驟3的飯和飯之間。

5

利用竹簾，如圖將海苔聚集到中間，
盡量做出三角形的形狀。

6

將步驟1的糖
果和步驟5的
蝴蝶結各自切
成4塊。

7

在糖果兩側分
別貼上蝴蝶結
A、B即完成。

情人節 Valentine's Day

愛心飯捲

準備材料

飯

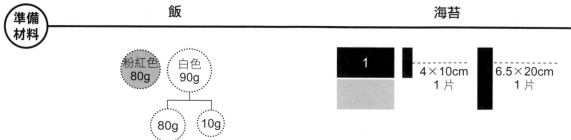

粉紅色 80g　　白色 90g

80g　　10g

海苔

1		4×10cm 1 片	6.5×20cm 1 片

1

將80g粉紅飯做成直角三角柱,放到6.5×20公分的海苔片上,左側留1公分,右側留2公分。

2

用竹簾將右側2公分的海苔片呈直角黏起來。

3

接著將飯捲對切成兩段。

4

將兩份飯和飯對放,黏在一起,做出愛心形狀。

5

剪掉多餘的海苔。

6

將4×10公分海苔對半折後放入愛心中間,以筷子按壓,讓海苔形成愛心形狀。

7

在愛心中間均勻鋪上10g白飯。

8

取1片海苔,其中一側保留3公分,其他地方均勻鋪上80g白飯。

9

在飯中間倒放步驟7做好的愛心飯捲。

10

單手從底部握起竹簾,將海苔和飯包起來。

11

用手將飯捲兩端的飯壓實,稍微調整形狀後切成4塊。

情人節 Valentine's Day

LOVE 飯捲

準備材料

飯	海苔	材料

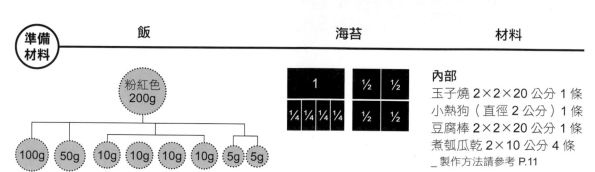

飯
粉紅色 200g
100g 50g 10g 10g 10g 10g 5g 5g

海苔

1	½	½
¼ ¼ ¼ ¼	½	½

材料

內部
玉子燒 2×2×20 公分 1 條
小熱狗（直徑 2 公分）1 條
豆腐棒 2×2×20 公分 1 條
煮瓠瓜乾 2×10 公分 4 條
_ 製作方法請參考 P.11

* 食材依照喜好挑選即可。小熱狗可以換成乳酪條、魚肉棒，
起司腸也可以換成起司、魚板等。沒有煮瓠瓜乾，就用長長
的菜脯、筍乾、海苔或是其他深色食材取代。

1 英文字 L
玉子燒如右圖裁掉
右上角1×1公分,
做出L字型。

2
以1/2片海苔包住L
字的玉子燒。用竹
簾和筷子固定,避
免海苔翹起來。

3 英文字 O
將小熱狗用1/2片
海苔捲起來。

4 英文字 V
豆腐棒切成2×2公
分的方形長條後,
切掉右上角1×1公
分,做出V字。

5
以1/2片海苔把豆
腐腸包起來後,以
竹簾和筷子固定,
避免海苔翹起來。

6 英文字 E
將煮瓠瓜乾鋪平,
用1/4片海苔包起
來,共做4份。

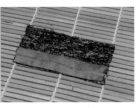

7
在2條煮瓠瓜乾上
各自均勻鋪10g粉
紅色飯後,飯面朝
上黏貼在一起。

8

接著再貼合一條步驟6的
煮瓠瓜乾。

9

貼好後轉90度讓側面朝
上，再貼上剩下的一條煮
瓠瓜乾，完成 E 的形狀。

10

依序排列LOVE，並在L
和V的凹洞處各鋪10g粉
紅色飯。

11

連接1片和1/2片海苔後，兩側各保留5.5公分，其他均勻鋪平100g粉紅色飯。
＊海苔連接方式請參考P.12。

12

在粉紅色飯中間倒放步驟10的LOVE，並在V的兩側空隙分別補5g粉紅色飯。

13

在LOVE上方均勻鋪一層50g粉紅色飯。

14

單手從底部握起竹簾，將海苔和飯包起來。

15

先將兩側切掉約1公分，再將LOVE飯捲切成4塊。

16

以細吸管在熱狗中間戳洞，做出O字。

36

萬聖節 Halloween

搗蛋南瓜飯捲

準備材料	飯	海苔	材料

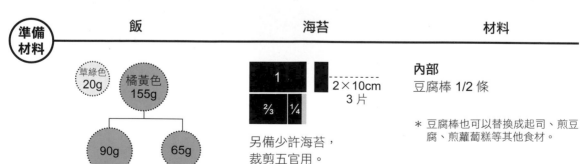

飯

草綠色 20g　橘黃色 155g

90g　65g

海苔

1	
⅔	¼

⬛ ┄┄┄ 2×10cm 3 片

另備少許海苔，裁剪五官用。

材料

內部
豆腐棒 1/2 條

＊ 豆腐棒也可以替換成起司、煎豆腐、煎蘿蔔糕等其他食材。

1 牙齒

將對半切開的1/2
條豆腐棒,縱向切
成四塊。

* 如果使用豆腐棒以
外的食材,要先修
整成約半徑2公分
的半圓形長條狀。

3

用2/3片海苔將豆
腐棒包起來。

2

在豆腐棒的間隔夾
入2×10公分的海
苔片,再拼回原本
的半圓形。

蒂頭帽子 4

將20g草綠色飯做
成10公分長的三
角形,用1/4片海
苔包住其中兩面。

5 臉

取1片海苔,其中
一側保留6公分,
其他均勻鋪平90g
橘黃色飯。

7

在豆腐棒上方均勻
鋪65g橘黃色飯。

9

用手將飯捲兩端的
飯壓實,稍微調整
形狀後切成4塊。

6

在飯中間放步驟3
的豆腐棒,平坦面
朝上。

8

單手從底部握起竹
簾,將海苔和飯包
起來。

10

將草綠色的蒂頭帽
子切成四塊。

11 貼上眼睛、
鼻子、牙齒

以海苔打洞器或剪
刀,將海苔裁剪成
右圖的形狀。

12

在飯捲上貼上步驟
10的蒂頭帽子即
完成。

129

萬聖節 Halloween

黑貓精靈飯捲

準備材料	飯		海苔			材料

黑色190g → 100g / 50g / 15g / 15g / 10g

海苔：
| 1 | ¼ ¼ ¼ | 3.5×10cm 2 片 |
| ⅔ | | 2×10cm 3 片 |

另備少許海苔，裁剪五官用。

內部
豆腐棒 1/2 條
起司魚肉棒（10g）2 條

* 豆腐棒可以換成起司、魚板等。起司魚肉棒也可以用乳酪條、小熱狗等食材代替。

1 眼睛

將2條起司魚肉棒分別以
1/4片海苔包起來。

2 牙齒

將對半切開的1/2條豆腐
棒，縱向切成四塊。

* 如果使用豆腐棒以外的食
  材，要先修整成約半徑2公
  分的半圓形長條狀。

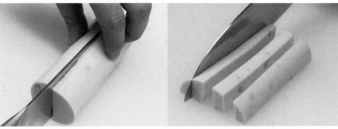

組合

3

在豆腐棒的間隔中夾入
2×10公分的海苔片，再
拼回原本的半圓形。

4

用2/3片海苔將起司腸整
個包起來。

5 耳朵

將2份15g黑色飯分別做
成10公分長的三角形，再
以3.5×10公分海苔包住
其中兩面。

6 臉
連接1片和1/4片海苔後，
其中一側保留6公分，其
他均勻鋪100g黑色飯。
＊海苔連接方式請參考P.12。

7
在飯中間放步驟4的豆腐
棒，圓弧面朝下。

8
在豆腐棒中間放上10g黑
色飯。

9
兩側再放上步驟1的起司
魚肉棒。

10

以50g黑色飯包覆起司魚
肉棒四周，做成圓形。

11

單手握起竹簾，另一手稍
微按壓調整形狀後，再以
竹簾將海苔和飯包起來。

12

用手將飯捲兩端的飯壓
實，稍微調整形狀後切成
4塊。

13

將步驟5的耳朵切成四等
分，共8塊。

裝飾

14 貼上眼睛
以海苔打洞器或剪
刀，將海苔裁剪成
右圖的形狀。

貼上耳朵 15
在頭上貼2個步驟
13的耳朵即完成。

㊳ 聖誕老公公飯捲

準備材料

飯	海苔	材料

飯
紅色 100g
白色 140g
杏色 60g
20g 20g 20g 20g
20g 20g 20g

海苔		
1	¼ ¼	⅕ ⅕ ⅕ ⅕ ⅕
⅔	½	⅕ ⅕

另備少許海苔，裁剪五官用。

內部
紅蘿蔔 10 公分（圓形長條狀，約養樂多吸管粗）
起司片（白色）5 公分 2 片
起司魚肉棒（10g）1 條

1 帽子邊緣

將2片5公分的起
司片疊在一起,用
2/3片海苔包成長
方形片狀。

2 帽子圓球

起司魚肉棒用1/4
片海苔捲起來。

4 鬍鬚

將7份20g白飯分
別做成10公分長
的半圓形長條,用
1/5片海苔包住圓
弧面。

3 鼻子

將紅蘿蔔條用1/4
片海苔捲起來。

組合

5

連接1片和1/2片海苔後,
在中間排5份步驟4的白
飯,飯面朝上。
＊海苔連接方式請參考P.12。

6

將剩下2份白飯放到中
間,海苔面朝上。

7

將步驟3的紅蘿蔔放到飯中間。

8 臉

接著在上方均勻鋪平60g杏色飯。

9

單手握起竹簾,將下方整型成圓形。

10

如圖放上步驟1的起司片和步驟2的魚肉棒。

11

將100g紅色飯做成10公分長的半圓長條，放到飯上，再以竹簾將海苔和飯包起來。

12

用手將飯捲兩端的飯壓實，稍微調整形狀後切成4塊。

装飾

13 貼上眼睛

以海苔打洞器或剪刀，將海苔裁剪成右圖的形狀。

(39) 紅鼻麋鹿飯捲

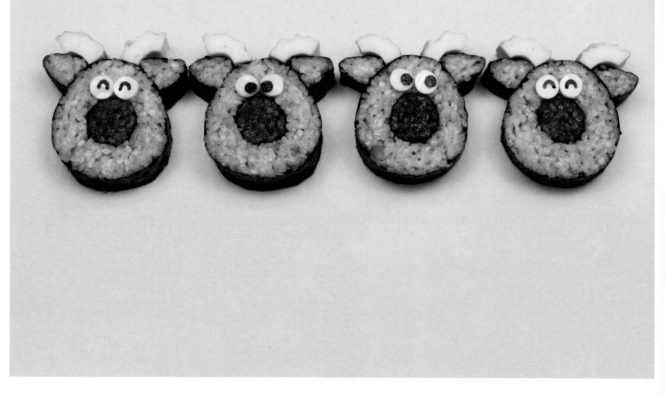

準備材料	飯		海苔	材料

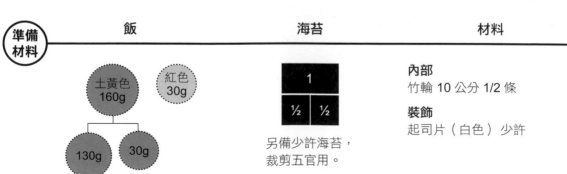

飯
土黃色 160g
紅色 30g
130g　30g

海苔

1	
½	½

另備少許海苔，
裁剪五官用。

材料

內部
竹輪 10 公分 1/2 條

裝飾
起司片（白色）少許

1 鼻子
將30g紅色飯做成長
條圓柱狀,再用1/2
片海苔捲起來。

2 耳朵
將30g土黃色飯做成
橢圓形長條,再用
1/2片海苔包起來。

組合

3 臉
取1片海苔,其中一
側保留5公分,其他
均勻鋪平130g土黃
色飯。

4
在飯中間放上步
驟1的紅色飯。

5
單手握起竹簾,將飯
盡量壓整成蛋形後,
用海苔包起來。

6
用手將飯捲兩端
的飯壓實,稍微
調整形狀後切成
4塊。

7
將步驟2的土黃色飯
捲直切對半,再橫切
成四等分,共8塊。

角 8
將10公分的竹
輪直切對半,再
橫切成四等分,
共8塊。

裝飾

9 貼上眼睛
以海苔打洞器或剪刀,將海苔和起司裁剪成
右圖的形狀。

10 貼上耳朵、角
貼上步驟7的耳朵和步驟8的角即完成。

聖誕節 Christmas

耶誕樹飯捲

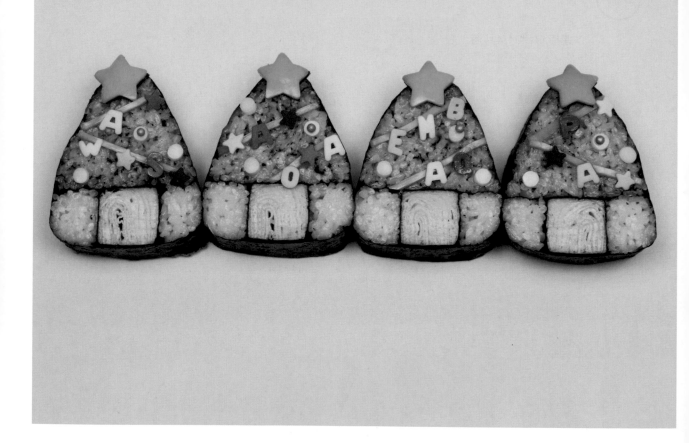

準備材料	飯	海苔	材料

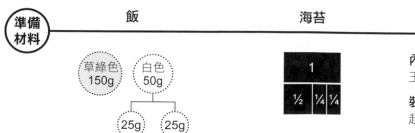

飯

草綠色 150g

白色 50g

25g   25g

海苔

1		
½	¼	¼

材料

內部
玉子燒 2×2×10 公分 1 條

裝飾
起司片（黃色、白色）少許

140

1

將切成長方體的玉子燒，用1/2片海苔包起來。

2

連接1片和1/4片海苔後，在中間放玉子燒。

＊海苔連接方式請參考P.12。

3

在玉子燒兩側分別放上25g白飯，並整形成正方體。

4

蓋上1/4片海苔。

5

接著將150g綠色飯做成三角形後，放到上方。

6

以竹簾將海苔和飯包起來。

7

用手將飯捲兩端的飯壓實，稍微調整形狀後切成4塊。

8 用起司片裝飾

用模具或小刀將起司片壓出星星、圓圈等裝飾即完成。也可以依喜好撒上裝飾用的數字糖片。

41 聖誕襪飯捲

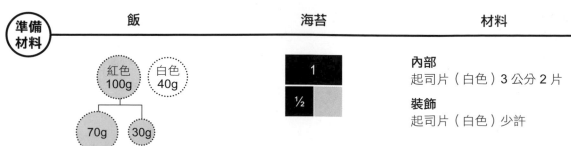

準備材料	飯		海苔	材料

飯

紅色 100g　白色 40g

70g　30g

海苔

1

½

材料

內部
起司片（白色）3 公分 2 片

裝飾
起司片（白色）少許

1 襪子邊緣
將2片3公分寬的
起司片疊在一起
後，用1/2片海苔
包起來。

組合

2 襪子（腳）
取1片海苔，中間
放70g紅色飯，並
攤平成5公分寬。

3
將30g紅色飯攤平
成3公分寬，放到
一側上方。

4
上面放上步驟1的
起司片。

5 絨毛裝飾
在起司片上均勻鋪
平40g白飯。

6
以竹簾將海苔和飯
包起來。

7
用手將飯捲兩端的
飯壓實，稍微調整
形狀後切成4塊。

裝飾

8 貼上蝴蝶結裝飾
將起司片裁切出蝴蝶結
的形狀，貼上即完成。

台灣廣廈 國際出版集團
Taiwan Mansion International Group

國家圖書館出版品預行編目（CIP）資料

第一本韓式造型飯捲【全圖解】： 美味又營養，冷熱都好吃，
40款捏一捏、捲一捲就完成的卡通壽司 / 李枝恩著；陳靖婷翻
譯. -- 初版. -- 新北市：臺灣廣廈有聲圖書有限公司, 2021.08
　　面；　公分.
ISBN 978-986-130-503-5
1.飯粥　2.食譜

427.35　　　　　　　　　　　　　　　　　110010558

台灣
廣廈

第一本韓式造型飯捲【全圖解】

美味又營養，冷熱都好吃，**40**款捏一捏、捲一捲就完成的卡通壽司

作　　　者／李枝恩	編輯中心編輯長／張秀環・執行編輯／蔡沐晨
翻　　　譯／陳靖婷	封面設計／曾詩涵・**內頁排版**／菩薩蠻數位文化有限公司
	製版・印刷・裝訂／東豪・弼聖・秉成

行企研發中心總監／陳冠蒨　　　媒體公關組／陳柔彣
　　　　　　　　　　　　　　　　綜合業務組／何欣穎

發　行　人／江媛珍
法 律 顧 問／第一國際法律事務所 余淑杏律師・北辰著作權事務所 蕭雄淋律師
出　　　版／台灣廣廈
發　　　行／台灣廣廈有聲圖書有限公司
　　　　　　地址：新北市235中和區中山路二段359巷7號2樓
　　　　　　電話：（886）2-2225-5777・傳真：（886）2-2225-8052

代理印務・全球總經銷／知遠文化事業有限公司
　　　　　　地址：新北市222深坑區北深路三段155巷25號5樓
　　　　　　電話：（886）2-2664-8800・傳真：（886）2-2664-8801
郵 政 劃 撥／劃撥帳號：18836722
　　　　　　劃撥戶名：知遠文化事業有限公司（※單次購書金額未達1000元，請另付70元郵資。）

■出版日期：2021年08月
ISBN：978-986-130-503-5

쉽고 재밌고 맛있게 캐릭터 김밥 만들기
Copyright ©2020 by LEE JIEUN
All rights reserved.
Original Korean edition published by TiumBooks.
Chinese(complex) Translation rights arranged with TiumBooks.
CompanyChinese(complex) Translation Copyright ©2021 by Taiwan Mansion Publishing Co., Ltd.
through M.J. Agency, in Taipei.